我
思

敢于运用你的理智

崇文学术·逻辑

因明入正理论释
（二种）

王恩洋　周叔迦　著

长江出版传媒｜崇文书局

图书在版编目（CIP）数据

因明入正理论释：二种 / 王恩洋，周叔迦著.
武汉：崇文书局，2024.11. --（崇文学术）. -- ISBN 978-7-5403-7820-2

Ⅰ . B81-093.51；B944

中国国家版本馆 CIP 数据核字第 2024PN1210 号

因明入正理论释（二种）
YINMING RU ZHENGLI LUN SHI

出 版 人	韩　敏
出　品	崇文书局人文学术编辑部
策 划 人	梅文辉（mwh902@163.com）
责任编辑	梅文辉
装帧设计	甘淑媛
责任印制	李佳超
出版发行	长江出版传媒｜崇文书局
地　址	武汉市雄楚大街 268 号 C 座 11 层
电　话	(027)87679712　邮政编码　430070
印　刷	武汉中科兴业印务有限公司
开　本	880mm×1230mm　1/32
印　张	6.5
字　数	140 千
版　次	2024 年 11 月第 1 版
印　次	2024 年 11 月第 1 次印刷
定　价	58.00 元

（读者服务电话：027－87679738）

本作品之出版权（含电子版权）、发行权、改编权、翻译权等著作权以及本作品装帧设计的著作权均受我国著作权法及有关国际版权公约保护。任何非经我社许可的仿制、改编、转载、印刷、销售、传播之行为，我社将追究其法律责任。

目 录

因明入正理论释 ……………………………………… 1

叙论：佛教与因明 ……………………………… 3

一、宗教哲学之异 ……………………………… 3
二、佛教与宗教哲学之异同 …………………… 4
三、论争与兵争 ………………………………… 5
四、佛教与论争 ………………………………… 6
五、天竺之风尚 ………………………………… 7
六、名学逻辑及因明之兴起 …………………… 8
七、因明与名学及逻辑之比较 ………………… 9
八、因明纯为辩学 ……………………………… 10
九、因明有名学逻辑之用而无其弊 …………… 11
十、逻辑与因明之得失 ………………………… 13

因明入正理论释 ………………………………… 18

因明入正理论释 ……………………………………… 81

因明入正理论解题 ……………………………… 83

总摄诸论要义章第一……………………………………87

能立体义章第二………………………………………107

广示宗相章第三………………………………………112

广示因相章第四………………………………………118

广示喻因章第五………………………………………131

总结简异章第六………………………………………137

广解似宗章第七………………………………………139

不成因过章第八………………………………………152

不定因过章第九………………………………………158

相违因过章第十………………………………………167

似同法喻章第十一……………………………………176

似异法喻章第十二……………………………………181

明现量章第十三………………………………………183

明比量章第十四………………………………………187

似现量章第十五………………………………………189

似比量章第十六………………………………………190

目 录

总明能破章第十七 …………………………………………191

总明似破章第十八 …………………………………………193

略示显广章第十九 …………………………………………194

因明入正理论释

王恩洋

叙论：佛教与因明

一、宗教哲学之异

世人共言，宗教能与人以伟大崇高圆满至善之信仰，使人精神有寄，愿力无穷，虽遇人事之艰难、身心之苦恼，终能大量容忍，鼓勇奋进，而不息其向上为善之行，克服艰难，解决苦恼，成就功业。使无信仰者当之，则弱丧无依，穷斯滥矣。故宗教为人生所不能缺少。

哲学能与人以渊懿玄妙博大精深之思辨，使人知识增加，智慧开发，达天人之故，穷古今之变，故能处大事、决大疑，虽异说纷纭，群言淆乱，终能辨其是非，定其得失，而示人类以中正无邪之正道。设人而无睿智与思辨，当纷扰之世，如盲人骑瞎马，夜半临深池，其能免于陷溺者鲜矣！故哲学为人生所不能缺少。

宗教如人之勇气与足力，哲学如人之眼目与灯炬。无勇气与足力，则不能行为。无眼目与灯炬，则无所知见。行而不知，是盲行也，盲行者不免于危。知而不行，是空知也，空知何益？是故最圆满美善之人生，莫如合知行为一，使信仰皆出于理智，而宗教不违乎哲学。

然而人类之宗教与哲学多未能融合无间收相得益彰之效。宗教重信仰，故缺思辨。哲学重思辨，而乏信仰。故哲学唯教人以知，宗教唯教人以行。哲学非全不教人行，总是教你知了再去行。宗教非全不教人知，总是说你行到家时自会知。即以此故，有终身思辨而不行之哲学家，以其思之愈久，愈觉理之可疑，无可信者，即亦无所行矣。有终身盲行而不知之宗教家，以其信仰甚坚，凡事取决于天神，可无用夫知也。两者既道不同，不相为谋，故进而乃成互相诋毁之势。宗教徒斥哲学家为空谈，哲学家笑宗教徒为盲动。相毁相轻，难得相资互助之益也。

二、佛教与宗教哲学之异同

世间亦有尚思辨而重智慧之宗教乎？曰有，是唯佛教。

佛教之尚思辨而重智慧也，于其教理见之。佛教有三学，曰戒定慧。佛教有五根，曰信勤念定慧。七觉支择法为首，八正道正见正思维为先，六度以般若为尊，十力以智慧为体。学佛之始则曰发菩提心，学佛之终则曰成就一切智智。而慧有三慧：曰闻所成慧，思所成慧，修所成慧。解有四无碍解：曰法无碍解，义无碍解，词无碍解，辩才无碍解。彻始彻终，智慧充满，智慧无上。佛教极重信仰，而所信皆可经批判。佛法极重行为，而一切所行皆以智为前导，随智而转。故欲与现世人类以不违理智符合哲学之宗教，诚无有如佛教者也。

又欲知佛教之重思辨、尚智慧，不异于哲学，尤宜于其教义之发展、宗派之衍进，及其与异教争执时所取之态度而益见之。

三、论争与兵争

盖尝论之：哲学重思辨而不重信仰，故异派哲学与异派哲学之间思想不同，主张各异，彼此斗争，其工具其行动仍即诉诸思辨。彼此互相驳斥，言语相诤，文字相攻而已。绝不至引生杀人流血赤地千里之祸。而且每因异说之争，而反省到自己理论上之过失、思想上之错误，而得所修正，收相反相成之功。又每因两种异说之对立争论俱不可通，因而产生第三派之新学说，则更为创造性的收获，其成功至为伟大。哲学之变化衍进即循此途辙以行。故思辨既为哲学之灵魂，而哲学上之论争乃又为促进改正净化提高扩大充实其灵魂之具，苟哲学而无论争，则哲学之生命即随之息灭矣。此如中国春秋战国之世，诸子争鸣，儒道杨墨名法阴阳诸家并起，乃造成中国学说之黄金时代。秦汉一统之后，思想亦渐归一统，于是而二千年间学说遂少进步。西洋亦尔。古之希腊哲人辈出，相争以辩，相高以智，其弊虽流于诡辩，而苏格拉底、柏拉图、亚里斯多德诸大哲人即随而出焉，以造成西洋古代学说之黄金时代。及罗马统一，教皇崛起，信仰定于一尊，而后学说消沉，成千余年之黑暗时代。自文艺复兴，科学哲学再起，展转破斥，日进无疆，复演成现代科学哲学空前未有之现象。故知哲学上之论争乃文明进步之所系也。

宗教则不然，宗教重信仰而轻思辨，故苟有两种以上不同之宗教并存于一地一时，则最好听其信教自由，各信其所信，相安于无事，而勿起争端。万一不幸，争端发起，则其争也不以口舌语言文字为工具，而别取刀剑戈矛等为工具，则杀人流血之事起，大之则演成宗教战争矣。此如犹太教与耶教、耶教与回教、耶教中之新教与旧教间，教祸战争历千载不绝是也。近日西洋民主政治盛行，于是信教自由定于宪法，然后宗教之祸息，以国法不许其争故也。故宗教不可有争，一旦有争，非唯不能促其教义之发展、教团之改革，但有互相毁灭杀戮而已。

四、佛教与论争

佛教独不然。佛教不但许争，而且遵循哲学争论之方式而演进发展，以其所用以争之具在语言文字思辨智慧，而不以兵刃战争也，即但为论争不为兵争也。故一部佛教史，最初起时佛即与外道。佛灭度后小乘中大众部与上座部争。大众部中又分为九部，上座部中分十一部，而各各相争。其后龙树菩萨、提婆菩萨师弟起，建立胜义空宗，又与外道小乘诸部相争。无著菩萨、世亲菩萨师弟起，建立相应论宗，又与外道小乘并与大乘空宗相争。大乘两宗之争，极至于清辨、护法。于是有《掌珍论》《成唯识论》之巨制。而《成唯识论》中十大论师先后并世又互相争，至玄奘法师、窥基法师师弟乃糅为一部，则在今日世界交通科学哲学盛兴之世为佛教对内建立对外破斥之宝典。诚哉佛教宗派之繁昌，教义发挥，展转深入而美备，均循哲学途辙而托命于论争也。（佛教之论争自亦有与哲学异者，则皆以圣言量为最终抉择，故万变而不离其宗。设离其宗，则非佛教矣。此圣言量何以如是重要，非此所述。）

五、天竺之风尚

佛教之崇尚论争,固由其重思辨而贵智慧的结果。实亦由于印度民族自古即好论争而不好兵争之民族性使之然。在昔印度宗教繁多,佛教之外略称六师,详则有九十六种外道,各有教义,彼此互非,然均出之以辩论。辩论而胜,其宗即立,众共崇信。辩论而负,即远斥他方,或有斫头为谢者。故一义之异,一论之行,每至有国王大臣召集国际辩论会以裁判是非。具见其服从真理,言论负责,好思辨而重智慧之伟大崇高之风度矣。佛经有云,有外道某师向佛立论曰:"一切言皆妄。"佛曰:"汝言妄否?"曰:"我言不妄。"佛无语。外道自谓得胜。行至中途,忽念我言"一切言皆妄"即"我言"亦在"一切言"中。然予复说"我言不妄",则是非"一切言皆妄"矣。我语自违,我则负矣。因返见佛,谢过,作弟子。(《墨子·经下》:"以言为尽谆,谆,说在其言。"《经说》:"以谆不可也。之人之言可,是不谆,则是有可也。之人之言不可,以当,必不审。"与此同。因明称之曰自语相违。)《慈恩传》中记玄奘法师在那烂陀寺,有顺世外道来求论难,书义四十条,悬于寺门,曰:若有难破一条者,当斩首以谢。法师唤其人入,与之共论,征其宗义,往复数番,婆罗门默无所说,起谢曰:我今负矣,任依先约。法师曰:我曹释子,终不害人,今役汝为奴。婆罗门欢喜敬从。又法师作《制恶见论》,戒日王见而大喜,即日发敕告诸国及义解之徒集曲女城,开无遮大会。(云无遮者,不分宗派,不分国族,求财与财,求法与法,释难解滞,各满其愿也。)五印度中十八国王到,谙知大小乘僧三千余人到,婆罗门及尼乾外道二千余人到，那烂陀寺千余僧到，并博蕴文义，富赡辩才。开会日，延法师登宝床据高座为论主，称扬大乘，述说论义。悬论门外，昭示大众，告言："如有一字无理能难破者，请斩首以谢。"竟十八日，无人发论，得胜无屈，五印共尊之曰大乘天云。

印度古代，重论辩如此。是以在昔，宗教派别虽多，而从未发生宗教战争，与耶回诸教之所为者大异其趣。其后佛教南传锡南、缅甸、暹罗，北传中国、朝鲜、日本，亦从未发生宗教的战争。以其据理说服人，以论争不以兵争也。

六、名学逻辑及因明之兴起

尚兵争者必利其兵刃，坚其甲盾，精其战略战术，然后可以胜人而不为人胜。尚论争者亦必精其教义，正其理由，而实其证据。又必善于辞令，雄于辩才，守其辩德，于是而论辩思惟之术随之而生。此在西洋则曰逻辑，在中国则曰名学，而在印度则曰因明。此三者正名定词、循事察理、立己破他所必不可缺者也。故观于三者之学之盛衰，而其时代其国土之学说思想之盛衰可知矣。故中国之名学盛于战国，西洋之逻辑发生于希腊而繁兴于近代。而印度之因明则始自足目造《正理经》，继之以佛教龙树、提婆、无著、天亲之援用。至陈那天主而严为改造，成极精严而简要之学术，为学佛者之所必学，列为五明之一焉，可以知其重要矣。若夫学说论辩之运既衰，则名学逻辑因明亦随之而废。逻辑、名学、因明与学说思辨之关系如此其重，故欲提倡学说者，不可不提倡逻辑、名学与因明，亦理之必然、势所必至者也。

七、因明与名学及逻辑之比较

方今世界，学说交通，万流朝宗，将归一统。则一切学说均有比较研究之必要，不但较其短长以为去取，尤当摄各家之长，创造新学，以备人类之用。然则佛教之因明、西方之逻辑、中国之名学，三者之同异可得言乎？

曰：兹事甚大，非精通三方之学者弗能言，予力未之能逮也。虽然，就其谫陋之所及略言之，以就正于精博之士焉。

详夫名学之用，重在正名。正名以举实，立言以达意，使人与人间情志交喻，而收互助生养教诲之功。荀子所谓"制名以指实，上以明贵贱，下以辨同异。贵贱明，同异别，如是则志无不喻之患，事无困废之祸"是也。然既有名言，即因有辩说。辩说者所以竟名言之功，故辩亦治名学者所有事也。荀子曰："实不喻然后命，命不喻然后期，期不喻然后说，说不喻然后辩，故期命辩说也者，用之大文也。"故专精名学之《墨经》乃又名《墨辩》。而惠施、公孙龙之专门名家即称辩者。然则析辞正名以致辩，实中国古昔名学之职志也。然我国名家自始即走入歧途，好立异说，玩奇辞，不以明理为先，而以胜人为务。但能服人之口不能服人之心，此名家之蔽也。公孙龙离坚白之论，惠施合同异之说，虽有哲学上之价值，然无名学上之价值。越范围以立言，即背名实相符之旨矣。由辩者之流于诡辩，然后有道家去名息辩之思想，以为名不足以举实，而辩不足以明是非而显道真。此亦仍有哲学上之价值，而于名辩之用则宣告死刑矣。墨家、儒家起而拥护名辩，则有《墨经》大取、小取诸篇，《荀子》正名之论，精义至当，至足珍贵。然以云条理系统，灿然成家，则终未能及西洋之逻辑、佛教之因明也。

西洋逻辑，始自希腊，及近代而益盛。其对名辞概念之辨析，命题判断之类分，条理成章，亦即我国名学正名定辞之功也。然其最贵者，乃在推论求知之方法。有演绎法焉，有归纳法焉，有实验法焉。演绎者，本公例以应殊事。归纳者，由殊事以求公理。实验者，人为计划，取证事实，以验其理想之是否正确而建立真理者也。故逻辑之大用乃在求知识而训练思想也。近代科学哲学之兴，得助于逻辑者颇大。若夫施用之于辩说，自收条理明当之效焉。逻辑之用，为至广矣。

八、因明纯为辩学

因明复何如乎？以吾浅见之所及，则觉因明之范围至狭也。既不言正名，又不言求知，而只言立破。《瑜伽师地论·菩萨地》中力种性品作如是言："因明论亦二相转：一者显示摧伏他论胜利相，二者显示免脱他论胜利相。"而《因明入正理论》首标宗义则曰："能立与能破，及似唯悟他。现量与比量，及似唯自悟。"《瑜伽》之摧伏他论，即是《入论》之能破。《瑜伽》之免脱他论，即《入论》之能立。他论所不能破，故云免脱他论。既免脱他论，则己论成立矣。虽言现量比量，然此俱为立破之智，实非因明之所详，则因明旨趣唯在于辩而已。

因明之范围与功用何以如是其狭欤？曰：是亦有故。佛法建立五明，正名定辞者，声明之事。求知之方法，证真之工夫，若闻若思，若止若观，若定若慧，又皆在内明中详之。又佛法之言智慧，重现观而不贵比量。闻思为智慧之始，而非智慧之成。智慧之成也，在菩萨则为般若，在佛则为菩提，均超夫一般世俗之所谓知识与智慧。则何怪夫因明之不备言正名之功与求知之用乎？

九、因明有名学逻辑之用而无其弊

佛法因明虽不言正名与求知，然实有其用而无其弊。何以言之？因明立破必以彼此共成者以建立其所不共成。故三支比量，因必共许，喻必同证。就人所既有之知识、已明之事理，以建立其未明之事理，而启其未有之知识。故所立之宗，有法差别，必皆极成。然所立宗义，又必不违世间，不违现量，不违比量等。然则约定俗成之名言，自他共喻之辞理，名词概念之明解，命题判断之正知，乃治因明者必先备之知识明智也。不如此，则不配立破辩论也。

至于知识智慧，必善自他宗义，博学多能，真见成就，善思所思，已证所证，蕴至道于心田，契真理于万象，然后辩才无碍，论难不穷。然则因明者，乃既成智慧之应用，而非求智慧知识之方法也。既非求知识之方法，则何贵乎？曰："能立与能破，及似唯悟他。"仁者有己立立人之心，圣贤有先知觉后知、先觉觉后觉之义。因明之用，立正破邪，利益有情，令法久住，如之何其无用耶？但其用不在为我求知耳。虽不在求知，而有条理知识，确定见解之用。盖经三支之建立，立宗以严其义，立因以明其理，同喻以证其实，异喻以简其滥。如此则不但人因此而悟所未悟，己亦因此而信所信，而信益坚矣。平心论之，不但因明但有条理思想确定见解之用,即逻辑亦何不然?逻辑之用以求知者,曰演绎、曰归纳、曰实验是也。然演绎能否有求知之效,实大成问题,治逻辑者多已反对其说。如云凡人皆有死,苏格拉底是人,故苏格拉底有死。此演绎之论式也。然此中于新知何所发明乎?既云凡人皆有死,即包孕苏氏之死于其中。由总出别,其结论先已具于大前提矣。设谓此大前提不包苏氏之死,则亦但为已有知识之应用,于知识何所增益乎?于真理何所发现乎?故演绎绝非求知之方。真为求知之工具与方法者,亦唯归纳与实验耳。虽然,此之归纳与实验,即并非逻辑之事,实乃人类历史经验之积累,与夫科学之工作。前者出于自然,后者因于人为。盖初生之孺子,虽未学逻辑,亦不知归纳,然数伤于火者,即有火能伤人之知识,数溺于水者,即有水能溺人之知识。己所未经者取鉴于他人,现所未见者传之于古人。故人类未有逻辑之前,先已有观察事变、体验物理之功,而归纳之法已成,而实验之事已著,科学方法亦自此而生。岂谓求之于逻辑而后有归纳与实验哉!至于人为故意之实验,则多出专门研究实事求是之科学家,非久于其事专于其学者不能收其效,亦即不能得归纳之定理。故单治逻辑者,无所用其力也。近人常言逻辑之有助于科学者少,而科学之有助于逻辑者多,良有以也。然则逻辑竟无用乎?曰:是又不然。吾人用思想,思想必求其贯通;求知识,知识必求其一致;发议论,议论必求其合理。则逻辑者,正思明辨之工具,为一切治科学哲学者所不能少,其用与因明等耳。

因明既以人之所已知而喻所未知,又以世之所极成而立所未成,故其立言谨慎,不与世违。凡公孙龙、惠施之徒,好立异说玩奇词之过皆息。若夫论及违夫常识、超过世间之哲理,则必以他词简别，确定范围。故清辨菩萨立"有为法空""无为无实"，则简之以"真性"；玄奘法师立"极成之色不离眼识"，则简之以"真故"。岂如坚白之辩、同异之说，漫无限量，以胜常人吓世俗为务者哉？佛法虽以实证胜义为最高，以超出言辩为至上，并不以名言为真，以思辨为极。然在因明，则必确立是非，明辨真伪，而绝不以道家之泯是非而齐物论者为然。不但以其违世间，亦以其不真见至理也。此所以无我国名学之失者也。

十、逻辑与因明之得失

至于与逻辑较，则亦有可言者：因明三支比量，世常谓同于西洋传统逻辑之三支论理，然不知其不尽同也。其不同者，三段作法，始之以大前提，次之以小前提，终之以结论。如曰：

凡人皆有死，苏格拉底是人，故苏有死。

此中大前提曰凡曰皆，即将苏之死包括其中，何须推论？已如前辩。又苏之有死，乃为人所共喻已知之事，何须复说？在因明，即谓为有立已成过，及相符极成过。又三段式中死为大辞，人为中辞，苏为小辞。中辞亦名媒辞，所以介绍小辞与大辞使之发生关系者也。其形如图：

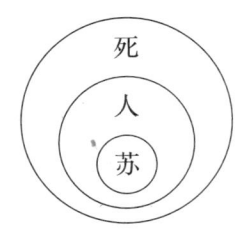

图中，死既广于人，人又广于苏。苏既隶属于人，人又隶属

于死，则苏之死也决然，最合于数理之定律，至无错误矣。然此即太失之机械，小前提中之人仅负媒介之责，事变万端，精神心灵与夫真理之不可以形量定者，均将无容立论，故其术为至拙矣。若因明则无此诸失。其三支作法，第一曰立宗，次曰立因，次曰举喻。而喻之中复立同喻异喻。如：

声是无常（宗）；所作性故（因）；诸所作者性皆无常，如瓶盆等（同喻）；诸是常者皆非所作，如虚空等（异喻）。

此中先立宗者，所以建立己之主张也。次出因者，所以陈述立宗之理由也。次举喻者，所以明此理之证据也。而喻之中不曰凡但曰诸者，以人之经验绝不能尽知一切事物，故不能以全体统部分，但可以所知喻未知。故所建立之宗确能增益人先所未知者，而功不唐劳矣。又所知虽少，仍不妨推证未知者之多。如《掌珍论》云：真性有为空，如幻，缘生故。其喻之幻事性空本只缘生法中之一少分，而所立之有为乃为缘生法中之多分，其缘生之因与宗法之空又复范围齐等。其图如：

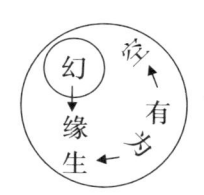

盖即中辞与大辞等。大辞中如幻之例乃小于小辞之有为，是以少成多矣。此在三段论法，或且谓为违律。然因明三支，则甚为合理。所以者何？世理实如此故。盖人类知识，皆自少而知多，自分而知全，从无先具全知而后知其部分者也。童子一次遇火烧，所知只为希微之火，然即可以推知余一切火皆可以烧，则不复以身更轻试火矣。如必谓须身经百千万次之火烧乃知未来一次之火能烧，其愚真不可及矣！如即未来而皆周知其烧，则更何用推论哉？故智者见微以知著，因少以知多，一花发而知春，一叶落而知秋，尝一滴而知海水之咸，见一粟而知全庾之熟。物有同性，心有会通，此人智之所以日增而物理之所以可穷者也。虽然，以少知多，以此知彼，性虽可同，安知不异？故同喻不能必其无失，则异喻尚矣。异喻者，非以证此物之有彼因性者之必有此所立宗性，但以明诸物之非此所立之宗性者必无彼能立之因性。知异品之绝无因性，则此因必不滥于非所立矣。既由同喻以证此因之有据又立异品以简此因之无滥（即无例外），则因义正确而宗义完成矣。故因明之三支，非以因为媒，介宗于喻。因者所以成宗，而喻者又所以成因也。故为因者必具三相，所谓遍是宗法性，同品定有性，异品遍无性，任缺一相皆不成因。其所立宗义，但随自欲乐，彼此互诤。声是无常者乃对声常论者而立。声为所作，彼此共成。所作谓本无今有，是即为生。有生者必灭，是谓无常。今声常论既许声生，而说声常，即乖正理。故立声无常，所作性故，破他之义，还就他所已知之理示之，此之谓悟他也。恐彼执迷不悟，故复以喻显之，谓诸所作者性皆无常，如瓶盆等。恐彼执瓶盆所作虽性无常，何妨有法性是所作而仍常耶？故说异喻，诸是常者见非所作，如虚空等。是则彼说无据，我义坚立。如是立宗，斯符正理。岂如苏格拉底之是人必死，人所共喻。其人已死，亦为人所已知。苟非疯狂，谁则谓其不死。果疯狂矣，则岂可复以理喻之哉？西洋人则称苏氏，中国人则又称孔子，而曰凡人皆有死，孔子是人，故孔子必死。展转戏论，立非所立，徒增怪耳！或谓因明三支对他而立，则必彼此共诤。形式逻辑原为自我推理，何必为他所不许耶？是又不然，自行推理，亦必其理为己现所未知，疑结而不解，然后乃从事推论。今苏格拉底或孔子吾固先知其已死，问题何由生？无疑而求解，此仍为知识之游戏耳。故逻辑三段多为无义。此所以为后人所轻视诋毁者也。若夫因明，全异乎此。三支比量，宾主对扬。自悟悟他，理莫能易。又其显过三十有三，论轨七分，胜义葳蕤，叹观止矣！

西方逻辑，自以形式逻辑为正统。近代科学哲学日兴，于是有实验逻辑、辩证逻辑、数理逻辑等出，皆不满意于形式逻辑者也。然实验之事，已入科学范围。逻辑为治一切学说者必须之科学，但为逻辑者绝不能作一切科学之实验。吾人提供实验为思想之后盾，教人知不可专恃理论，当令理论根乎事实，示之以如斯之态度焉则可。若谓实验而可以专逻辑之名废弃思想之调理，论辩之法则不谈，而专事实验，则又过矣。若谓事实最雄辩，则吾人又何须有逻辑学哉？至于辩证逻辑则又走入玄学范围，谓物无常性，常在变中；物无定性，自身矛盾。于是首先推翻思想三律，不知思想三律原只为名实诠表是非抉择之准则。甲者甲也，此之谓同一律，言乎灼然而白者必为白也，此以实就名，以名诠实，名实之必同一也。又曰凡甲非非甲，或甲不能为甲又为非甲，此之谓无相矛盾律，言此实既为白不能更为非白，名实相丽，不能一实有相反之二名也。三曰凡物必为甲或为非甲，此之谓不容中律，谓夫实必有名，非彼即此，不能有既非此又非彼者。如其有之，即非思想所能想像。盖思想之用，名实之相合丽而已矣。名实之相丽相诠，必使之固定而不移、公认而不乖，然后可以收举实喻意之功。事如是，理亦然。事则有彼此，理则有是非。是则是，非则非。不是则非，不能亦是亦非。是是非非，理决定也（同一律)。不是则非,不容中也(不容中律)。不能亦是亦非,无相违也(无相矛盾律)。则思想律云者,乃以名举实,期其必得。以辞抒意,期其必喻者也。如必斥之,则为辩证法之言者亦何为乎以其辩证之法呶呶然以告人曰此为真理此为定律而必人以信从哉!故一物可具不同之性而名言则不可不诠表一定之性。一物前后可以变,名言则前后不能变。否则前后相违自身矛盾,如是则有荀子所云"志有不喻之患,事有困废之祸"矣,而奚用如是逻辑为?

若夫数理逻辑以简驭繁,以约驭变,诚为便矣。详形式逻辑本出于数学,尤与几何学关系最密。然其过重形式已嫌失之机械。更进而变语言文字为符号,则其机械之性愈重,亦何能表达人心事变之繁、真理至道之赜也哉?既形式逻辑本有未善,新起逻辑其过转多,故以云思辨之术未有如因明者也。故欲使人类提高其尚智慧重思辨讲道理轻武力,以论争代兵争,以学说文化促进人类之和平,名学、逻辑、因明均为急须修治之学问,而因明为尤重要也。予生当中西学说万派争流之时,幼有论议诤辩之习,故于因明素所爱好。昔读《因明大疏》不甚了解。民十三年从先师于南京内院治唯识学。吕秋逸学长讲因明,予得益颇多。后归川建龟山书院,为讲《入论》,因而作释,仅成半部,因事辍笔。三十四年复在文教院讲《入论》,始续成之。今并所著《杂集论疏》中论轨抉择合印之,更为序论如是,以见佛教与因明之关系,及我国名学西方逻辑与因明之异同。未敢自以为是,庶几启发智者,能有融合三方博大精深之著作,以裨益人类之学说文化,则吾为之负嚆矢以前驱矣。

1947年王恩洋序于东方文教研究院

因明入正理论释

因明者，研寻正量之学。量也者，审虑事理之具。量有二种：一曰现量，二曰比量。现量者，能量心智触对现境，直证亲知，不假余事比度以得其义者也。此如眼等五识亲见色等，又如定心现证定境。能量所量两俱现前，不假比度，直了其事，故曰现量。比量者，能量心智虽现在前，所量事义隐而未显，疑而难决，必待余事比度而知，乃能定其谁何，判其真伪者也。此如生今之世欲知往事之有无，或测某事当有之成败，境成过往，果在未来，而欲知其为何如何，故必根据正理，取证成例，比度不谬，事理确然，而后乃得知之也。又如人夜行，忽睹黑影，复闻异声，心疑为人，抑为野兽，则必测其行动，询以话言，或复击之以石，震之以威，以观其反应之何似，而后为人为犬为牛为虎乃可得而判矣。诸如是者，比度知故，名曰比量。

欲得所量之真实，必求能量之清净，此如眼识等，或以根有翳障，身有疾病，心或狂醉，则于现境便生幻觉错觉，所见非真，即不得为真现量矣。意度事理亦复如是，必其所据之理所依之事以为比度之因者无有错误，然后所得量果正确不虚。设如能量之因根本错谬，则所得比量亦必谬妄非真。是故欲得真现量者，必先清净诸根，已除狂醉；或复调练心行，净治诸障，令心得定，勤修止观，心学圆满，真慧乃生，然后于诸法实相亲证现观矣。凡此种种，则内明所有事也。诸欲求得真比量者，亦必于能立能破，宗因譬喻，立量律仪，极深研求，辨其真似，得其究竟，然后比智正真，出言无过。凡此则因明所有事也。

窃谓比量之用，诸能推求事理者，莫不皆能。见牛迹者知有牛过，闻歌声者知有人歌，此无间于三岁之童与百岁之翁者也，然彼乃弗知有因明。亦如人皆能言语，乃不皆知有语言学；人多能文字，乃鲜能知文字学；人皆食粟饮药，而弗知植物学、药物学。盖比量在先，因明在后。因明者，乃就人类所有一切比量推求研究，审其是非，明其得失，得其定律公例，以为一切思量论理之方式楷模者也。

盖人虽皆能比量，比量不必皆真。人虽皆能思辨，思辨不能无过。各执所见以为是非，群言淆乱，莫别真伪，则固陋者习非以为是，颠狂者斥是以为非，事无公理可据，人无正道可由矣。此所谓"此亦一是非，彼亦一是非，其或是或非也耶，其俱是俱非也耶？彼我不能相知，人固受其黮暗而无与正之者也"（语出庄子）。明智之士，欲定群言之是非，故必追寻所以言者之得失；欲知量果之诚伪，必寻量因之正邪，能量之具不乖，而后所量之义不谬。于是立破之义详，因明之学出矣。

然则因明之兴，其兴于学说思想已甚发达之际而异学争鸣之世也欤？盖在中国，春秋之末至于战国，诸子学兴，而后有名家者出。希腊之盛，而后论理学兴。其在印度，佛法外道大乘小乘诤论频生，而后因明精备。方今西洋文明发达，科学哲学远迈希腊而上之，故逻辑之学亦日进于无疆矣。智者咸知讲学于今日必通逻辑，则讲佛法于今日尤必习因明。否则能立无根，所言皆妄，纵有至理，辩之弗明，立之弗善，笼统纷纭，人反以迷妄斥之矣。吾于因明虽未尝专学，立言显正，则未敢后人，每耻于日用而不知，更惧夫从我之矍暗，爰于讲学之际取而习之，为授学徒复为论释。

《因明入正理论》者，商羯罗主菩萨造也。劫初足目，创标真似。佛法经论泛说因明，至于龙树、提婆广破异论，无著、世亲高建本宗，因明之用，日以宏广。至于陈那乃穷研内外之学，严定立破之义，专精一量，扶持圣教，作《集量论》《因明正理门论》等，可谓集因明之大成，诚法门之城堑也。商羯罗主是其门人，智穷妙义，才足传薪，惧师义汪洋后学难晓，乃综括纪纲略制此论。玄奘法师译来此邦，基师作疏广申奥义。后学津梁，咸宗其说。

云因明者，明谓五明之通称，因谓一明之别号；因谓宗因譬喻，明谓证解所知。由立者三支无亏，令敌者比量智起。《地持经》云：菩萨求法当于何求，当于一切五明处求。求因明者为破邪论，安立正道。破邪论者令舍愚痴，立正道者令得正见。由因得明，名因明也。

入正理论义有多释，或谓正理为诸法真性，由因明故悟入正理，此论明彼，名《因明入正理论》也。或谓正理者，立破幽致，此论明立破幽致，令诸学徒悟入因明之正理，名《因明入正理论》也。今取后释。盖此论所详，宗因譬喻二支邪正、及以立破二量真似等，摧破因明之过谬，显定因明之正理，均就因明本身之正理以立言，更鲜说因明之用于建立法性摧破邪执者。盖彼乃因明之用，此论所明乃因明之体也。明体始能达用，故此论但为悟入因明之正理耳,故顺梵言为因明正理入论也。因明之正理既明,然后立言无过,比量成真,解脱外难,摧邪显正。否则自成似比,转障正知。虽有善道,莫由建立。邪说任其猖狂,圣教听其隐没。智者悲之,故辄为论,以严定轨律,明其正理,使诸学徒得以舍于比量之谬妄而得因明之妙用也。

　　能立、与能破,及似;唯悟他。现量、与比量,及似;唯自悟。

　　此之一颂,显论所明,指要标宗。明义有八,彰悟有二。能立、能破、似立、似破、现量、比量、似现量、似比量。如是八义,是论所明。悟他悟自,八义之用。立破必藉言显,出言唯在悟他。二量但属心知,不言但以悟自。八义者,疏云:一者能立,因喻具正,宗义圆成,显以悟他,故名能立。二者能破,敌申过量,善斥其非,或妙征宗(立量非他,他宗不立),故名能破。三者似能立,三支互阙,多言有过,虚功自陷,故名似立。四者似能破,敌者量圆,妄生弹诘,所申过起(立量非他,自量有过),故名似破。宗义各定(本所解也),邪正难知(未共许故),由(因)况(喻)既彰,是非遂著。功成胜负,彼此俱明,故从多分皆悟他也。(今谓立破之旨,原为令他于义生解。似立似破,虽无功能令他解生,从彼本愿,名悟他也。亦如射箭,有中不中,从其本因,同为中的。)五者现量,行离动摇(不计度故),明证众境(无暗蔽故),亲冥自体,故名现量。六者比量,用已极成(因喻已成),证非先许(宗非先许),共相智决(用已许法,成未许宗,如缕贯华,因义通被,共相智起,印决先宗,分别解生),故名比量。七者似现量,行有筹度,非明证境,妄谓得体,名似现量。八者似比量，妄兴由况，谬成邪宗，相违智起（不解真义，与理相违，有邪解生，名相违智），名似比量。法有幽显，行分明昧，故此二刊定，唯悟自非他。（旧解若现量境，理幽事显，若比量境，所立为幽，能立为显。行谓能缘心等行相。真现比于境，幽显俱明。似现比于境，幽显俱昧。现比因果唯自智，故二刊定悟自非他。今谓立破对敌而兴，藉言显理，故唯悟他。现量自心契境，比量自智度物，不假言诠，自内解生，故唯悟自。虽量有真似，皆为自求了境，故似现比，俱名悟自。）疏云："虽自不晓无以悟他，理应颂中后他先自，但以权衡之制，本以利人，故先悟他，后方自悟。"此意必先得现比真智，然后可以立言悟他。但因明之用，原为立正摧邪，故先详立破，后显二量。然则因明实为论辩之学，求知乃其附属之事，特自知未得，悟他无由，故立破既明，兼显二量真似也。又从可知，一切比量，著之文言，皆属立破。内心度境以行其推断者，乃属比量也。比量既得，已能自悟，而他弗明，乃藉名言建立三支，即为能立。能立既起，他智解生，即悟他也。

　　如是总摄诸论要义。

　　此下随标别释，此初一句，显此一颂，四句八义，总摄诸论要义。云总摄者，谓以略贯多。诸论者，谓今古所制一切因明。要义者，立破正邪纲纪道理。《瑜伽》《对法》《显扬》等说，因明有七：一者论体，谓言生因立论之体；二者论处所，谓于执理证义者家；三者论据，谓能立所依，真似现比量等，自性差别，义为言诠，亦是所依；四者论庄严，谓真能破；五者论负，谓似立似破；六者论出离，将兴论时，立敌安处身心之法；七者论多所作法，由具上六，能多所作，摧邪显正，教授学徒，利益有情，令法久住故。此说因明之用也。颂曰：论体、论处所、论据、论庄严，论负、论出离，论多所作法。今此八门，唯彼四种。谓论体、论据、论庄严、及论负。处所出离非因明本身事故，多所作法非其体故，略不说之，故言总摄要义。又世亲所造论轨论式，法备文繁。陈那所作《理门论》等，旨幽词邃。故今此论但摄要义，令诸初学，易得受持。

　　此中宗等多言，名为能立。由宗因喻多言，开示问者未了义故。

　　自下别释八义。又分为六：一明能立，二明似立，三明二真量，四明二似量，五明能破，六明似破。颂以二悟类别，长行以言智相因，故次第开合各有不同。依于现比二智，立言悟他，量有真似，能立随之，故能似立继出二量。是立所依故，要能自立乃可破他，故最后显能破似破。

　　言此中者，于总颂八义中且说一义，故云此中。宗等者，等取因喻。与人诤论，必自有主张。宗者，即其所主之义。宗待理由而后成立，故次说因。因藉实事而得证明，故次举同喻。恐理由或滥，遍于异宗，故说异喻，见彼遍无。理事昭然，简滥已尽，然后宗义坚固确然。故凡能立必具多言，谓宗及因、同喻、异喻。然在陈那，但以因喻说为能立，宗即所立。古师及本论则说宗亦能立。何相反耶？此有多释。今谓就三支中分能立所立，则宗为所立，因喻能立。就言与义分能立所立，则由立者三支多言显所立义，令彼敌者于义解生，故说三支俱名能立。三支所显，义为所立，故不相违。又古因明，《瑜伽》十五，《显扬》十一，于能立中说有八种：一立宗，二辨因，三引喻，四同类，五异类，六现量，七比量，八正教量。《对法》亦说有八：一立宗，二立因，三立喻，四合，五结，六现量，七比量，八圣教量。皆以自性差别而为所立何耶？盖以五支之言，待智而起。由智起言，因言显义，故三量之智与五支之言并为能立。教授学徒，摧伏异见，均必立者，先以三量证所证义，次于证境，以言诠表说以示他。他藉此言解所诠境。故就假实以辩，则智为能立，言为能立之具。就因明之体性以说，则言为能立，智为能立所依。五支三量并为能立，复何疑也。今此但就因明建立言教，开示诸有问者未了之义，故但说三支多言以为能立。盖问者但依三支之言以了所未了义，不亲资立论者智而了所未了义故。是故此中但说宗因喻多言以为能立。论言开示诸有问者未了义者，即是以义为所立也。此义必为立者先所已了，乃能立彼宗因喻多言。此义必为问者先所未了，故须立彼宗因喻多言。立者由智照境，悲悯愚痴，为悟他故，兴立言教。宗因喻三，以显此理。他藉此言，生比量智。因复照了所未了义，是为立敌教受究竟。此亦显示立论之旨唯在悟他也。此中问者，有证有敌。有虚心正问，有为难诘问，故说诸有问者。未了义者，或由愚痴，或由疑惑，或由执见。开示之义有三，疏云：一敌者未闲，今能立等创为之开，证者先解，今能立等重为之示；二双为言开，示其正理；三为废忘宗而问为开，为欲忆宗而问为示。

　　此中宗者，谓极成有法，极成能别，差别性故。随自乐为所成立性，是名为宗。如有成立声是无常。

明能立中，此示相广陈。初示宗相，二示因相，三示喻相。极成者，世所共许，真实不虚，至极成就，不须更待余义成立者也。有法者，此法自体，能有余法。能别者，谓此法自体能分别他。如此极成有法，极成能别，是名宗依，宗体依此二法而成立故。差别性故者，谓此二法合，互相差别，有差别性，是为宗体。随自乐为所成立性，谓此二差别性是宗所成立性。此所成立性，非先共许，设先共许，不待成故，非所成立。又此所成立性，必为随自乐为，非随他意。自许他不许，方成诤辩。随自意乐而成宗义，以悟他故，方名为宗。设随他意而成他宗，他所固知，两俱无诤，何用成立也。如有成立声是无常，举例以显。此中声为有法，无常为能别。声能有彼无常之法，故名有法。无常能分别彼声，故名能别。此之二法，必须极成。设有法不极成，则尚不谓有声，云何生诤，说声常无常。自不极成，自无诤故。他不极成，他不诤故。俱不极成，共无诤故。设能别不极成，本不许有无常，无法何能分别声，亦何于彼起诤论也。既有法与能别两并极成，然则所诤所立究为何事？曰二差别性。二差别性者，谓说声是无常，声之自性，如所闻性，彼此共成。今谓声有无常之差别性，乃为所诤所成立义也。无常之自性，亦彼此共成，谓无常之性在声，乃为所诤所成立义也。声是无常与声性差别，无常之性在声与无常差别。宗所立义，非声非无常，乃声是无常，或无常之性在声之差别性故。故此有法能别二差别性，是为宗体，是所成义，是称为宗。又此声是无常之义，必非共许。设彼敌者已先许声无常，何用我为成立。故必我谓声无常，敌执声是常，然后随自乐为所成立性，声是无常。是名为宗。

　　此中有法能别，不云共成言极成者，详夫立破之义，必有立者，必有敌者，立敌俱时，方兴诤故。必有证者，故《瑜伽》

等因明七义第二论处所云：论处所者，当知亦有六种，一于国王前，二于执理者前，三于大众中，四于善解法义者前，五于沙门婆罗门前，六于乐法义者前，此皆证者。然后能评决立敌所立义故。否则此说声无常，彼说声常，各是其是，各非其非，谁则定其真是非者。是故有法能别，非但立敌共许，尤必世间极成。如非然者，余弗证故。

又有法能别，各有多名。有法又名自性，又名所别。能别又名差别，又名为法。然此因明自性差别与内明异。《佛地论》云：彼因明论诸法自相唯局自体，不通他上，名为自性。如缕贯华，贯通他上诸法差别义名为差别。此之二种，不定属一门。不同大乘以一切法不可言说一切为自性，可说为共相。如说彼处有火，则以彼处为自性，火为差别。如立火是无常，则火复为自性矣。故此自性差别不定属一门。自性复有自性差别，差别复有自性差别故。此因过所以有法自相相违、法差别相违、有法自相相违、有法差别相违四相违过也。故此论中不复举之。有法是能别之所别故，又名所别，如下宗过中名所别不成是。能别是有法所有之法，故又名为法，如下相违中法自相相违是。

又疏云："凡宗有四：一遍所许宗，如眼见色，彼此两宗皆共许故。二先业禀宗，如佛弟子习诸法空，鸺鹠弟子立有实我。三傍凭义宗，如立声无常，傍凭显无我。四不顾论宗，随立者情所乐便立，如佛弟子立佛法义，或善外道，乐之便立，不须定顾。此中前三不可建立，惟有第四不顾论宗可以为宗。以第四是随立者自意所乐，前三皆是自不乐故。"今此立声无常者，盖对当时声常论者而立，故为不顾论宗。

因有三相，何等为三？谓遍是宗法性，同品定有性，异品遍无性。云何名为同品异品？谓所立法均等义品，说名同品。如立无常，瓶等无常，是名同品。异品者，谓于是处无其所立，若有是常，见非所作，如虚空等。此中所作性，或勤勇无间所发性，遍是宗法，于同品定有，于异品遍无，是无常等因。

次示因相。因者，原由也，义理也。成立宗者，必有理由。此理为立敌共所许者，方能举以喻他。然为宗之因者，必具三相，然后理由真正，决定成宗。相者，义也。设缺一义，尚不成因，何况二三。何等为三？第一遍是宗法性。此中宗言，意指有法。有法为宗依，何以复名宗耶？《理门论》云：岂不总以乐所成立合说为宗，云何此中乃言宗者唯取有法？此无有失。以其总声于别亦转，如言烧衣。此意说言，有法及法合以成宗。宗是其总，二依为别。别亦可得总称。如言烧衣，但烧一襟一袖即名烧衣也。是宗法者，谓此因是宗之法。法者，义也。复云遍者，谓此因法遍于有法之上，而皆是有。非但为彼一分所有，或全非有，若但一分，具不可为因，不能遍立宗义故。如说有漏业皆感于苦果，是不善性故。此不善性因不遍有漏业，有漏业中非尽不善故，即为一分不遍。若全不遍，即全非因。如说诸色皆能缘虑，有觉性故。此有觉性，色尽非有，何能为因成彼缘虑。性者，体也。此因之性，遍是宗之法，曰遍是宗法性。

　　同品定有性者，同品谓所立法均等义品。如立无常，瓶等无常，是名同品。余非所立，虽不均等，而无所妨。不尔，瓶有质碍，声无质碍，应非同品。故《瑜伽》云：同类者，谓随所有法望所余法，其相展转，少分相似，不说全分。若说全分，便无同喻。《掌珍论》云：如说人面满净如月，非谓月法一切皆有。故此说云，谓所立法均等义品。言定有性者，谓于所立无常同品法中，必定有法有于此因。既是无常，为宗同品。又有此因。然后得以此因证彼有法，亦是无常。设此因为同品所定无有，则何由知彼有法，有此因故，即是无常。是故说言同品定有性。异品遍无性者，异品者，谓于是处无其所立，若有是常，见非所作，如虚空等。此之为异，亦以所立无故即名为异，非谓一切。遍无性者，于异品上遍无此因。如说若有是常，见非所作，如虚空等。

何故同品说定有、异品言遍无？此意许言，为同品者不必尽有此因，但有此因者必尽有此所立。以是为因，所立便成。其异品者，必遍无此因。设为异品而可少法得有此因，则此所立便成不定。为如某法以是常故，无有此因。今此有法有此因故，便是无常。为如余法虽是其常，得有此因，今此有法有此因故，得是常耶？是则简滥不尽，因成不定。故于同品说定有性、异品说遍无性。（疏云：但欲以因成宗，因有宗必随逐，不欲以宗成因，有宗因不定有。《理门》云：说因宗所随，宗无因不有。）

自下说云，此中所作性，或勤勇无间所发性，遍是宗法，于同品定有于异品遍无者，此举正因，具足三相。谓立声无常，所作性故。此中无常，是其灭性；所作，是其生性。诸有生者必有灭故。欲知声常无常，应知为是有作无作。声是所作，对声生论，彼此共成，故遍是宗法。有生必灭，亦彼此共成，故以声是所作因，得成声是无常宗。然设彼虽许此声是所作，而不许所作定无常，则当举喻。说同喻云，诸所作者见彼无常，喻如瓶等。瓶等是所作，瓶等复是无常，是故此因同品定有。同品定有故，得以所作证定无常。然复恐彼于所作定无常不能尽信，而致疑言。虽是其常，仍是所作。则此所作性因，不能决定无常。故复举异喻言，诸是常者见非所作，如虚空等，是谓异品遍无性，异品常法遍无此所作因故，翻显是所作者必尽是无常，由是此因于宗乃为具足理由。备三相故，得成彼宗。

复次，此中言所作性，复说勤勇无间所发性者，疏云："略有三义，一对二师，二释遍定，三举二正。对二师者，声论师中总有二种：一声从缘生，即常不灭。二声本常住，从缘所显，今方可闻。缘响若息，还不可闻。声生亦尔，缘息不闻，缘在故闻。若佛弟子对声生论立声无常，所作性因便具三相。对声显论言所作性，随一不成。若对声显言勤勇因，便具三相。对声生论立一切声皆是无常，勤勇为因，宗法非遍，两俱不成（外声彼此非勤勇发故）。今显对声生，所作为因，若对声显，勤勇为因。又立内外声皆无常，因言所作。若立内声，因言勤勇。不尔，因有两俱一分两俱不成。为对计别，故陈二因。释遍定者，所作性因，成无常宗，三相俱遍。勤勇因成，同定余。遍显顺宗同定亦得，不要三遍，故举二因。举二正者，显九句中，此中所作彼第二因，此勤勇因彼第八句。陈那说二俱是正因，具三相故。今显彼二因皆具三相，故双陈之。所作性者，因缘所作，彰其生义。勤勇无间所发性者，勤勇谓策发，由作意等击脐轮等风，乃至展转击咽喉唇舌等，勇锐无间之所发显。"瓶等亦人工勤勇无间之所发故，而是无常。又彼常法空等，即非勤发。故此勤发因性遍是宗法。同品定有，异品遍无，三相具足，为无常因，决定决定。

喻有二种：一者同法，二者异法。同法者，若于是处显因，同品决定有性。谓若所作，见彼无常，譬如瓶等。

三示喻相。疏云："梵云达利瑟致案多，达利瑟致云见，案多云边。由此比况，令宗成立，究竟名边。他智解起，照此宗极，名之为见。故无著云：立喻者，谓以所见边与未所见边和合正说。师子觉言：所见边者，谓已显了分；未所见边者，谓未显了分。以显了分显未显了分，令义平等所有正说，是名立喻。今顺方言，名之为喻。喻者，譬也，况也，晓也。由此譬况晓明所宗，故名为喻。前虽举因，亦晓宗义，未举譬况，令极明了。今由比况，宗义明极。故离因立，独得喻名。"盖因者，立宗之理由；喻者，取证于事实。所作性因，成立无常，意谓所作必无常也。云何当知所作定无常耶？是故说喻，取证事实，令义显了。以共所见所作定无常之法，晓喻于他，令知所作定无常故，以成立因。复由此事所作无常故，譬况彼宗中有法是所作，故亦无常。故此一喻有二作用：一者晓喻于因，持之有据，真实不虚；二者譬况有法，义理均齐，有其所立。由斯令宗至极成就。

喻有二种：一者同法喻，二者异法喻。所云法者，即是宗中有法之上所有已成未成能立所立法义。已成谓因，如所作法，共所许故。未成谓宗中能别，如彼无常，二所诤故。立因以成宗法，故一是能立，一是所立。此之二法皆是有法上法。同有如是因及宗法者，名同法喻。是故说言：同法者，显因同品决定有性。疏云："若有无法说与前陈（有法）因相似品，便决定有宗法。此有无处，即名同法。因者，即是有法之上共许之法。若处有此名因同品。所立之法,是有法上不共许法。若处有共因,决定有此不共许法,名定有性,以共许法成不共故。《理门论》云:说因宗所随,是名同喻。"如所作者,见彼无常,譬如瓶等。云等者,等取余瓮盆乃至宫室桥梁舟车等诸所作无常法。

　　复次,此中同喻异喻,何以不说同品异品,而云同法异法。品谓品类,事物之名;法谓法理,义理之称。同品谓瓶等具体之事物,同法谓同此所作定无常之法理。故于喻中复有喻体喻依之分。喻体谓所作定无常之理,喻依谓瓶等为喻体所依。理必依事而得显故。然正为喻者,乃此喻体而非喻依。设以瓶为喻者,瓶与声应不相似。何以故？瓶即四尘可烧可见,声亦应尔。故今同喻正取同法不取同品。又复当知:云同品者不定同法,如立内声无常。勤勇无间所发性故,诸勤发者见彼无常,如瓶盆等。此无常宗亦以电等为其同品,而勤发因于彼不有。是故电等不得为喻。故知虽为同品不为同喻,为同喻者,必须因宗二法相随不离之义,方为应理。是故同喻不言同品而云同法。

　　又疏中每云同品有二:一宗同品,谓同无常;二因同品,谓同所作。即据此处显因同品决定有性。如上说言,若有无法说与前陈因相似品便决定有宗法。近时颇有非难之者。今谓基师读此文句有误,当是显因,同品决定有性。是因第二相,同品定有性也。同品仍是宗之同品,定有性,定有因性也。由同品中定有此因性故,然后得有说因宗所随理。由是证知:诸所作者,见彼无常。既同品定有性,因不遍于宗同品,则因同品决定有宗法性,应宗法亦不遍于因同品矣。设尔,所立便成不定。狭因可成宽宗,宽因不能成狭宗故。

异法者，若于是处说所立无，因遍非有。谓
若是常，见非所作，如虚空等。此中常言，表非
无常。非所作者，表无所作。如有非有，说名非有。

次解异法喻。法义如前。与宗有法之法相异，名为异法。宗所有者，所作无常。故此异法，即是常非所作。无常是所立宗法，所作是能立因法。所立法无，即名异品。因遍非有，即因三相第三异品遍无性也。次举例言：谓若是常，见非所作。如此法理名为异法，即异喻体。如虚空等，是异喻依。等言等取涅槃真如等。已说同喻复说异喻者，谓虽了知诸所作者皆是无常，而不了知诸非无常法亦有所作性者否。谓有非无常而性是所作，应此所作性不但成无常，是则彼因成于不定。故复说异喻，若是常者，见非所作。由此简别，此所作因，异品遍无，所成无滥，即于立宗有胜功能，都无有过。

此中常言表非无常，非所作者表无所作，如有非有说名非有者，此显异喻唯遮非表。疏云："同喻能立，成有必有，成无必无，表诠遮诠二种皆得。异喻不尔，有体无体一向皆遮，性止滥故，故常言者遮非无常宗，非所作言表无所作因。不要常非作别诠二有体，意显异喻通无体故。"如有非有说名非有，指事为例。陈那破胜论云："有性非有，有一实故，有德业故，如同异性。"有非有言，一向遮有，故言非有。常等亦尔，但遮无常，及所作性，非有所自。

复次，此中同喻，则言诸所作者见彼无常，异喻乃言谓若是常见非所作，何故不等。《理门论》云："说因宗所随，宗无因不有。"说因宗所随者，同喻也。同喻以因成宗，故先因后宗。宗

无因不有者，异喻也。异喻显因无滥，故先说宗无，后说因即非有，以显此因异品遍无。设二等者，当成多过。《理门颂》云："应以非作证其常，或以无常成所作，若尔，应成非所说，不遍，非乐等合离。"颂中等合离者，合谓同喻，合宗于因，先因后宗，如说若是所作，见彼无常。离谓异喻，离因于宗，先宗后因。如说若是其常，见非所作。等者，谓等合于离，先宗后因，如说若是无常，见是所作。等离于合，先因后宗，如说若非所作，见彼是常。应以非作证其常者，此等离于合，先因后宗过也。既云若非所作见彼是常，是则以非作因成常宗也。然异喻但以简滥，成无常之确定。今乃反成常宗，岂非成非所说乎？况空等是常，彼此共许，何须成立。或以无常成所作者，此等合于离先宗后因过也。既云若是无常见彼所作，是以无常之宗反成所作之因也。宗不共成，是以须成。因本共许，是何须成，今乃以不共许宗成共许因，宁非颠倒？是则应成非所说也。不遍非乐者，此说勤勇无间所发性故狭因也。如说同喻，先宗后因，诸无常者，见彼勤发。然无常法，瓶电俱为同品。瓶无常故，亦为勤发。电虽无常，非勤发也。是则此诸无常者，见彼勤发之义不遍也。本以共许狭因成不共许宽宗，今反以不共许宽宗成其共许狭因，反致不定，宁非非乐？如说异喻，先因后宗，若非勤发，见彼是常。电非勤发，而非常住，非勤因宽，常住宗局，局宗不遍常住宽因，是以不遍。又非勤发成立常住，即应成立电等常住，是即成所不乐之宗也。由此诸过，故知同异合离，宗因先后，各自不同，不可类等。

《理门论》云："为要具二譬喻言词，方能成立，为如其因，但随说一。"（如所作勤勇二因，但随说一，即能成宗。）答若就正理，应具说二，由是具足示显所立，不离其因。若有于此一分已成，随说一分亦成能立，若如其声两义同许，俱不须说。或由义准，一能显二。此显两喻说一亦可。但立量常法，同喻必有，以是宗因所依据故。异喻可无，倘无异喻，简过已尽，故不须说。

　　已说宗等如是多言，开悟他时，说名能立。如说声无常，是立宗言。所作性故者，是宗法言。若是所作见彼无常如瓶等者，是随同品言。若是其常见非所作如虚空者，是远离言。唯此三分，说名能立。

此第三总结成前，简择同异。说声无常，是立宗言，立敌共诤，此能立者所立宗故。所作性故者，是宗法言，因是宗中有法上法，故名宗法。若是所作见彼无常如瓶等者，是随同品言。云随同品者，谓同品瓶等所作故无常，宗中有法亦所作故，应随同品亦是无常，此即显示同喻以成其宗。若是其常见非所作如虚空者，是远离言，常远离无常，非所作远离于所作，离异品于宗因，简滥使尽，是由异喻反成宗也。唯此三分说名能立。疏云：此简同异。《理门论》云：又比量中唯见此理。若所比处此相审定（遍是宗法性也）；于余同类，念此定有（同品定有性也）；于彼无处，念此遍无（异品遍无性也）。是故由此生决定解，即是此中唯举三分能立。彼论又言：为于所比显宗法性，故说因言。为显于此不相离性，故说喻言（顺成反成宗因不相离性即是二喻）。为显所比，故说宗言。故因三相宗之法性，与所立宗说为相应。除此更无其余支分。由是遮遣余审察等，及与合结。（审察疏远，不名能立。其合结支，离因喻无，故不别立。）以上解能立竟。

　　虽乐成立，由与现量等相违故，名似立宗。

次解似立。初解宗过，有九。次解因过，十四。后解喻过，同异各五。总三十三过。窃以比量之智，人皆有之。对他兴诤，亦人事之常。特心迷事理，则妄生计执。不娴立破，则出言皆非。是以人不忧天不能比度，唯惧其所比之皆非。人不患不能论议，唯惜其立破之皆谬。是以因明所明，正理无多，简而易持。过失乃繁，微而易忽。苟能洞悉诸过，立言无失，非唯入理有途，亦且悟他有具。此三十三过所由详也。

此初解似宗也。前言随自乐为所成立性是名为宗，故知立宗随自所乐思想自由，原不受人限制也。然此所乐，当合正理，如非理者，与现量等相违故，名似立宗，而非真立。

现量相违，比量相违，自教相违，世间相违，自语相违，能别不极成，所别不极成，俱不极成，相符极成。

此总列九过。相违有五，不成有三，相符有一。相违乖法，不成缺依，相符无果，是以皆失。

此中现量相违者，如说声非所闻。

云现量者，现前亲证法自相智。现量相违而成过者；原夫立宗本以开晓他所未知，设现量知，即无需夫比量。比量者，原以补现量之所不及，而弗能与现量相违也。今所立宗乃违人所共知之现量，是则非唯多事，抑亦成其怪诞也。如说声非所闻，人谁弗现量闻声？今反立此，适成其怪而已，是以成过。疏云此有全分一分四句。谓违自现非他，违他现非自，俱违，俱不违。于四句中违他及俱不违非过，违自及共皆过。违他非过者，立宗本以害他，他所谓现，非真现故。如胜论云：觉乐欲嗔为我现得，世俗常说眼现见瓶衣等。我既非实，瓶衣亦非现量境故。立量非彼觉乐欲嗔非我现境，眼不现见瓶衣，虽与他现量相违，不成宗过。唯自及共斯乃过收，此违共也。

　　比量相违者，如说瓶等是常。

　　比量者，谓藉众相而观义智。立量原属比量，故必与比量智不相违。疏云：宗因相顺，他智顺生。宗既违因，他智返起。故所立宗名比量相违。此中意言，彼此共悉，瓶所作性，决定无常，今立为常，宗既违因，令义乖返。义乖返故，他智异生。由此宗过，名比量相违。亦有全分一分四句。违自及共可此过收。违他非过，若俱不违，或非此过，有相符失。

　　自教相违者，如胜论师立声为常。

　　自教者，自所宗承之教，即圣言量也。苟非命世之圣，前无古人，后无来者，则凡所学，必有禀承。兴论立宗，有其准据。设所立而违自教，即自失所依凭，故成过也。或谓：外道祖师原非圣者，所有言教，与理常乖，后学不囿于师承，虽乖自教，抑又何伤？舍僻执而从正理，盖其宜也，是则何为成过？曰，诸宗对诤，恒各有所依凭。设既自舍所宗，何事更与他诤。今此之过，盖对既不舍自宗僻执，立言复违自宗。进退失据，是以过也。况夫所立，更乖正理。如此所陈，声本无常。理教两乖，至为不可。况夫正法之中弟子而敢妄背师说者乎？胜论本谓声无常，今其弟子乃立声常，故成自教相违失。此亦有全分一分各四句。但违自共成过，违他非过。虽违共教，但以违自一分为失。若俱不违，有相符失。

　　世间相违者，如说怀兔非月，有故。又如说

言人顶骨净，众生分故，犹如螺贝。

佛云世间，谓可破坏，有迁流非究竟名世，堕世中故名间。简异胜义，名世间也。即是世俗常情共许之知识，在《瑜伽》又名世间极成真实也。然此复分非学世间、学者世间两种。非学世间义如上说，学者世间即诸圣者所知粗法，即在今世亦有一般的常识与科学的常识、哲学的常识等。如说地圆绕日，此非一般的常识，乃科学的常识也。故今世常识亦可分学与非学。如此所说，乃就非学世间说也。夫立论本以悟他，义无取于乖俗。是故佛言我不与世诤世与我诤。非但违情，亦恐拂理也，是故世间相违亦复成过。如言月是怀兔，人顶骨不净，此乃大竺当日一般共信，诸外道等乃言怀兔非月，以有体故，如日星等。此云怀兔，意显月中有兔。世间常见月中有影其影似兔，故云月怀有兔，即我国古昔亦称月为玉兔。如见日中黑影其形似乌，称日为金乌也。今此比量因喻虽正，宗违世间，是以成过。又有结鬘外道穿人髑髅以为鬘师，人有诮者，遂立量言：人顶骨净，众生分故，犹如螺贝。违常情故，俱非正宗。或谓：世间情识本多不真，设不可违，胜义云何可立？疏云：凡因明法，所能立中若有简别，便无过失。若自比量，以许言简，显自许之，无他随一等过。若他比量，汝执等言简，无违宗等失。若共比量，以胜义言简，无违世间自教等失。如《掌珍论》真性有为空，如奘师真故极成色不离于眼识等。就真义立，明定范围，不就世俗，则不得复以世间相违为彼过也。

自语相违者，如言我母是其石女。

疏云：宗之所依谓法有法。有法是体，法是其义，义依彼体，不相乖角，可相顺立。今言我母，明知有子。复言石女，明委无儿。我母之体与石女义，有法及法不相依顺，自言既已乖返，对敌何所申立，故为过也。《理门论》云：如立一切言皆是妄。谓有外道立一切言皆是虚妄。陈那难言：若如汝说诸言皆妄，则汝所言称可实事，既非是妄，一分实故，便违有法一切之言。若汝所言自是虚妄，余言不妄，汝今妄说。非妄作妄，汝语自妄，他语不妄，便违宗法言皆是妄。故名自语相违。又云：若有依教名为自语，此中亦有全分一分二种四句。如是自语相违共有三种：一者有法及法互相矛盾，如此言我母是其石女。二者立说破他，反以自破。三者今之所言与素所说正教相违，是即违教，由彼自身前后所说互相矛盾，故亦自语相违。

　　能别不极成者，如佛弟子对数论师立声灭坏。

　　前言宗依，能别有法二必极成，然后乃得据以立宗。今此三者犯不极成，所依不成如何立宗，是故为过。初能别不极成，谓佛弟子对数论师立声灭坏。宗中有法彼此共成，灭坏之法，数论不许。谓彼数论说此世间总由二十五谛所成。略为三者，谓自性、变易、及我知者（即是神我）。彼云：神我本性解脱，我思胜境，三德转变，我乃受用，为境缠缚，不得涅槃。后厌修道，我既不思，自性不变，我离境缚，便得解脱。彼之自性，总名自性，别名三德。云三德者，萨埵，刺阇，答摩，此方义译为勇、尘、暗。勇言其力，尘表其质，暗谓无明。质力二者为世间境界所本，与今之科学略同。唯数论对此世间认识弗谓善美，彼教宗旨唯在解脱世间，故复以答摩为世间体。由能障蔽我知令起染著不得出离故,是则又与今世科学不同者也。由此自性三德质力交推痴暗流转故,生起中间二十三谛(即是变易),谓大,我慢,五唯(色声香味触),五大(地水火风空),五知根(眼耳鼻舌皮),五作业根(口手足男女大遗),心根。如是二十三谛,即包括世间一切现象。此诸现象既皆由自性变易以成,故设不变,还成自性。如水与波,波有起伏,水性不失。世间诸法,亦复如是。此二十三谛虽是无常,而是转变,非有生灭,自性神我,用或有无,体是常住,故不许有灭坏法也。亦如今之唯物论者所云物质不灭、能力不灭也。今佛弟子对数论师立声灭坏,既彼不许有灭坏法,何乃对彼立声灭坏。此中亦有全分一分四句。唯俱成是,余三句皆非。问:既诸世界非无灭坏,说声灭坏,于理不乖,何以成失?曰:因明能立,原以悟他。他既不成此能别,立空无果、故不成立。设欲立者,当先立量,成灭坏实有,既伏彼已,再立声灭坏可也。

所别不极成者,如数论师对佛弟子说我是思。

疏:即前数论立神我谛,体为受者。由我思用五尘诸境,自性便变二十三谛,故我是思。是思宗法彼此共成,佛法有思,是心所故。惟有法我,佛之弟子多分不立,以佛根本说无我故。今乃对之立我是思,是故成过。此亦有全分一分四句。唯俱不违非过余皆过收。然自所别不成句,简言汝执,则可无过。又云:上二过中次过亦名所依不成,能别有故。初过亦名能依不成,所别有故。

俱不极成者,如胜论师对佛弟子立我以为和

合因缘。

疏：前已偏句，一有一无。今两俱无，故亦是过。胜论初师造六句论，一实，二德，三业，四有，五同异，六和合。实有九种，地、水、火、风、空、时、方、我、意。德有二十四：谓色、味、香、触、数、量、别性、合、离、彼性、此性、觉、乐、苦、欲、嗔、勤勇、重性、液性、润性、法、非法、行、声。业有五：谓取、舍、屈、伸、行。有体是一，实德业三同一有故。同异体多，实德业三各有总别之同异故。和合唯一，能令实等不相离相属之法故。后有惠月造《十句论》，此六加四，谓异、有能、无能、无说。别立大有名同，同异名俱分。彼说地水各并有十四德，火有十一，风有九德，空有六德，时方各五。我有十四德：谓数、量、别性、合、离、觉、乐、苦、欲、嗔、勤勇、法、非法、行。意有八德。和合因缘者，十句论云：我云何？谓是觉乐苦欲嗔勤勇法非法行等和合因缘，起智为相，名我。谓和合性和合诸德与我合时，我为和合因缘，和合始能和合，令德与我合，不尔便不能。我之有法此已不成，和合因缘此亦非有，故法有法两俱不成。此中不偏取和合亦不偏取因缘，总取和合之因缘，故名不成。不尔便成，自亦许有。此中全分及一分各有五种四句如疏。

相符极成者，如说声是所闻。

疏：对敌申宗，本诤同异。依宗两顺，柱费成功。凡对所敌立声所闻，必相符故。论不标主，此有全分一分四句。符他两符，全分一分，皆是此过。符自全分或是真宗。并俱不符，或是所别能别不成俱不极成违教等过，皆如理思。或谓既有现量相违，立声非所闻宗，此何不可立声所闻，对彼即非相符故。答：彼属狂痴，此属多事，痴人说梦，故不预于因明。立破必有理由，太无理由者亦不用破。又现量相违，取证现量已足，不用更立量破也。

　　如是多言是遣诸法自相门故，不容成故，立无果故。名似宗过。

立宗本为成立诸法自相，由与现量等相违故，反令敌证，于此所立自相相违解生。是非能立，反成能遣，则此立宗反为能遣诸法自相法门也，是初五过。不容成者，是次三过，宗依不成，更须成立，故所立宗不容成也。立无果者，果谓果利，他迷不解，立宗悟他，故有果利。义既相符，他已先解，立宗于他有何利也，此是后过。总结九过，名似宗过。

　　已说似宗，当说似因。

将解似因，结前生后。

　　不成、不定、及与相违，是名似因。

说似因中，初略标三类，后别详十四似因。言不成者，此是因三相中初遍是宗法性不成也，即说此因不成宗法。言不定者，因后二相，同品定有，异品遍无，此因随缺一相，显义不决，简过不尽，因于所立，义成不定，故名不成。言相违者，因于所立，义成乖反，失自宗义，覆成他宗，故名相违，亦是后二相过。疏云：能立之因不能成宗。或本非因，不成因义，名为不成。或成所立，或同异宗，无所楷准，故名不定。能立之因，违害宗义，返成异品，名相违。

　　不成有四：一两俱不成，二随一不成，三犹豫不成，四所依不成。

别释十四似因，初不成有四，云两俱不成者，立敌两家，皆不谓此因是宗法性，是即双方皆不许此能成立宗，故名两俱不成。随一不成者，立敌两家，一许一不许，故名随一。犹豫不成者，因法自体，相不显现，体不决定，是因非因，即成犹豫，因犹豫故，不能成宗。所依不成者，疏云：无因依有法，有法通有无，有因依有法，有法唯须有。因依有法无，无依因不立，名所依不成。盖立比量，以共许义，成未许宗。故因于有法义须确定。此初二过，能依所依，虽并许有，因遍有法，则不共许。第三犹豫，能遍有疑。第四所依不成，所遍不极。皆缺初相，是不成宗。不成宗故，不成正因。

　　如成立声为无常等，若言是眼所见性故，两俱不成。

此中声及所见性，虽为两家共许是有，然说声是所见性，则能立所立两俱不成。既不许声是所见性，此声是所见性故，何能成立声是无常，故不成因。疏：此不成因，依有有法合有四句，广如彼说。又云：论眼见因，不但成声无常为过，成声之上无漏等义，一切为过，故宗云等。

　　所作性故，对声显论随一不成。

宗义如前，故不更说。所作性因，立者许有。彼声显论，声体常住，但随缘显，不从缘生，故不说声是所作性。故此因成随一不成。疏云：能立共许，不须更成，可成所立。既非共许，应更须成，故非能立。此中意显声是所作，须待因成，故不成因。疏又云：此随一因于有有法略有八句，有体无体，随自随他，全分一分，各四句故，此不详述。又云：此中诸他随一全句，自比量中说自许言。诸自随一句，他比量中说他许言，一切无过，有简别故。若诸全句无有简别，及一分句，一切为过。

友人丹阳吕秋逸先生，特长因明，多发妙理。其《因明纲要》解此云：因具三相，就义而谈。若其言陈，唯显初一。此因遍是宗法，必取立敌共成。有处随宜，亦可言简。又因自体，并须俱许，总取其义。然后立敌所解有殊，为防过非，仍容先简。以是因上简言，实有二类。或简其为宗法，或简其法自体。诸论但明初门，理准应有后义。

一、破他出量，因为宗法，非自所许，用汝执言简。（此即破量，宗中有法如已简别，所依本非自许，能依更无容言，其简可略。）

二、假设他量，用以破斥。或被他难，顺成自救，所立量言，因于宗有，他不许成，可用自许等简。（此是设量，或救量。宗中有法如已简别，此言从省。）

三、立量晓他，证成正理，此中因法诠义或殊，随义用"极成""自许"，或自许极成等简。不用"汝执"言者，立量令他顺自故。他义多与自违故。（此即立量旧说共比。）

四、破量因体可用他许，仍以汝执言简。

其初例云，《成唯识》一破外我执顺文为量云：执我应不随身受苦乐等（宗），常遍故（因）。

其次例云，《成唯识》一破声论云：且明论声，许能诠故，应非常住。

其三例云，《成唯识》三成大乘是佛语。量云：

诸大乘经至教量摄（宗）；乐大乘者许能显示无颠倒理契经摄故（因）；如《增一》等（喻）。此是立量以自许言简因自体之例。盖云契经，义诠多别。为防过难，置言简也。泛言契经，四

《含》、方广、外道经是。小乘契经，唯四《阿含》。大乘契经，四《含》、方广。今云自宗契经所摄，即简外经。又有《阿含》，小乘共许可为同喻，故量得成。《庄严论》《入大乘论》等，对小成立大乘是佛说，皆以入自宗修多罗为言，正同此意。若如旧解自许是契经摄、畔不许彼为契经者，乃劳置简。小乘亦谓彼是经故。否则有法且不极成，因于何立？至能显示无颠倒理等因，必先量成，始可取用。

又例，《大疏》六，胜军论师四十余年立一比量云：诸大乘语皆是佛说（宗）；两俱极成非佛语所不摄故（因）。

此因有过，故玄奘法师特为改作：诸大乘经皆是佛说（宗）；自许极成非佛语所不摄故（因）。

盖原量对有部因有不定，彼《发智论》亦是两俱极成，非佛语之所不摄，而大乘不许为佛语。今以逼之，将谓汝大乘经亦如汝所许之《发智论》为极成，非佛语所不摄，而仍非佛说耶？今改量兼有自许简，即对有部简彼《发智》。

其四例云，《广百论释》二破外我量云：自身我应不为缘发自我见（宗），汝许我故（因），如他身我。此是破量用汝许简因自体之例，破者不立我故。

> 于雾等性起疑惑时，为成大种和合火有，而
> 有所说，犹豫不成。

于雾等性起疑惑时者，谓远所见，是雾是烟，或是尘等，自不决了。为欲成立彼处有火，便说似因，云现烟故，喻如厨等。当知此是犹豫不成，以现烟故因，先自犹豫，尚待勘定，何能成立有火宗也。因明之法，要有决定因始能成立决定宗故。此中大种

谓四大种。和合火者，谓即事火。火有二种：一者性火，即是暖也，人等身中及器世间暖触皆是。二者事火，要有地水为质为依，如薪油等。风力鼓助，乃发烟焰，炽然光照，故名大种和合火也。性火随处可有，又不别待烟显，故不立之。见烟知火，唯事火也，故此特立。

虚空实有，德所依故。对无空论，所依不成。

因依有法，有法先非极成，出因便成无依，是谓所依不成。如此所说，谓胜论师对经部立。当知此因亦有随一不成，经部不许空有六德故。（数、量、别性、合、离、声。）

不定有六：一共，二不共，三同品一分转异品遍转，四异品一分转同品遍转，五俱品一分转，六相违决定。

云不定者，前五不定，证据不确，或无证据。简过不尽，理滥异宗。盖因后二相为同品定有性，异品遍无性。今此初一同品遍有，异品遍有，缺第三相。第二同品遍无，异品遍无，缺第二相。第三四五有同品定有性，无异品遍无性。同品无故，理由无据。异品有故，简过不尽，理滥异宗。亦即证据不确，是故均成不定也。相违决定者，自宗敌宗各有正因三相皆具，两并得成。由此不知孰为真实，故成不定。疏云：因三相中后二相过。于所成宗及宗相违二品之中不定成故，名为不定。若立一因于同异品皆有名共，皆无不共。同分异全是第三，同全异分是第四，同异俱分是第五。若二别因三相虽具各自决定成相违宗。令敌证智不随一定，名相违决定。

此中共者，如言声常，所量性故。常无常

品，皆共此因，是故不定。为如瓶等所量性故声
是无常，为如空等所量性故声是其常。

此立常宗，空等为同品，瓶等为异品。所量性因，二品俱有。如是若能成立声常如空，亦能成立声无常如瓶，故成不定。

疏：狭因能立，通成宽狭两宗。故虽同品而言定有非遍。宽因能立，唯成宽宗。今既以宽成狭，由此因便成共。共因不得成不共法。若有简略，则便无失。如声论师对胜论立声常宗，耳心心所所量性故，犹如声性。

言不共者，如说声常，所闻性故。常无常品
皆离此因。常无常外余非有故，是犹豫因。此所
闻性，其犹何等。

所闻性因，常与无常同异二品皆不有故，名曰不共。因藉喻显，喻既不有，因何由立。于以成宗，不生定解，故名不定。异品亦无，不反成他，故非相违。遍是宗法，不名不成。唯以不能生决定智，名为不定。余五不定，义亦同然。

疏有多解，今唯取此。

同品一分转异品遍转者，如说声非勤勇无间
所发，无常性故。

疏：此初标名举宗因。若声生论本无今生，是所作性非勤勇显。若声显论本有今显，勤勇显发非所作性。故今声生对声显宗，声非勤勇无间所发，无常性因。此因虽是两俱全分两俱不成，今取不定亦无有过。（此等诸量，皆是设以明过，非谓彼宗定立。）

此中非勤勇无间所发宗，以电空等为其同

品，此无常性于电等有，于空等无。
此显因于同品有非有，即同品一分转。

非勤勇无间所发宗，以瓶等为异品，于彼遍有。
此显因无常性异品遍转。瓶等人力造故，为宗异品。

此因以电、瓶等为同法故，亦是不定。为如瓶等，无常性故，彼是勤勇无间所发。为如电等无常性故，彼非勤勇无间所发。
此结成不定。同品电、异品瓶、并有无常法，名因同法。不能定成声非勤发，故是不定。

异品一分转同品遍转者，如立宗言，声是勤勇无间所发，无常性故。
疏：此初标名举宗因。谓声显论对声生立。

勤勇无间所发宗，以瓶等为同品，其无常性于此遍有。
此显同品遍转。

以电空等为异品，于彼一分电等是有，空等是无。
此显异品一分转。

是故如前亦为不定。
此结不定。此无常性因，如能成声如瓶盆等是勤勇发。亦能成声如电光等非勤勇发，故亦不定。

俱品一分转者，如说声常，无质等故。

初标名举宗因。声论对胜论立。

　　此中常宗以虚空极微等为同品。无质碍性于虚空等有，于极微等无。

此显同品一分转。疏：声胜二宗俱说地水火风极微常住，粗者无常，劫初成，体非生。劫后坏，体非灭。二十空劫散居处处。后劫成位两合生果，如是展转，乃至大地。所生皆合一，能生皆离为。是故极微常而有碍。设非无碍，便向虚空，不成粗色故。

　　以瓶乐等为异品，于乐等有，于瓶等无。

此显异品一分转，并前合显俱一分转。彼二宗中皆说觉乐欲嗔等为心心所，此二非常而并无碍，故因于异品分转。

　　是故此因以乐以空为同法故亦名不定。

此结不定。为如空等无质碍故是常，抑如乐等无质碍故是无常耶。

　　相违决定者，如立宗言，声是无常，所作性故，譬如瓶等。有立声常，所闻性故，譬如声性。此二皆是犹豫因故，俱名不定。

第六相违决定者，谓因具三相，自无过咎，能成自宗。然有相违之因，亦具三相，决定能成相违之宗。由此于宗，决智不起。因成犹豫，故名不定。疏谓论中举量，初是胜论对声生论立。次量是声生论对胜论立。胜论声性，谓同异性，实德业三各别性。故本有而常。大有共有，非各别性，不名声性。声生说声，总有三类，一者响音，虽耳所闻，不能诠表。二者声性，一一能诠，各有性类，离能诠外别有本常，不缘不觉，新生缘具，方始可闻，不同胜论。三者能诠，离前二有。响及此，二皆新生。响不能诠。今此新生声是常住，以本有声性为同品。两宗虽异，并有声性可闻且常住，故总为同喻，不应分别何者声性。如立无常，所作性因瓶为同品，岂应分别何者所作、何者无常？若绳轮所作，打破无常，声无瓶有。若寻伺所作，缘息无常，声有瓶无。若尔一切皆无因喻，故知因喻之法皆不应分别。由此声生立量无过。若分别者，便成过类分别相似。

如此相违决定二量，既互成相违决定，然则孰胜孰负耶？古有断云：如杀迟棋，后下为胜。盖先者为立，后者为破。立者成立自宗，破者唯破他量。立者必能免于他破，乃是真立。破者但显他非，其功已成。夫然，设破他已，更欲自立，则仍不免于似立过也。又《理门论》傍断声胜二论义云：又于此中现教力胜，故应依此思求决定。此则别说二量并真而相违者，即不应单依比量强定是非。应本现量圣教以求定解。如此声，世间现见时有间断不常得闻。又我圣教皆说无常，即声无常，其理决定。他准是知。

相违有四：谓法自相相违因，法差别相违因，有法自相相违因，有法差别相违因等。

疏下第三解相违。相违因义者，谓两宗相返。此之四过，不改他因，能令立者宗成相违。与相违法而为因故，名相违因。因得果名，名相违也。非因违宗，名为相违。又因名法自相相违，宗即名比量相违。因既有四，宗亦应四。合说总名，比量相违。

自相差别义不同者，自相所诠，但局自体。差别所诠，亦通余法。如说声无常，此之声言，义唯局声。无常之言，则通诸蕴。又自相多是所诠，又名所别。差别多是能诠，又名能别。如说声无常，声是所诠所别，无常则是能诠能别也。凡此皆就一语之中主格宾词以分自相差别，然一法上复有自性差别。如总说色，是名自相。色中自有红黄蓝白显非显等，是名差别。如总说人，是名自相。人中自有好人坏人男女老少等，是名差别。凡言一法，言之所陈，多为总相；意之所许，乃有差别。故一语中有法及法并各有其自相差别。故此相违中说有法自相相违因、法差别相违因、有法自相相违因、有法差别相违因，总有四种。

　　此中法自相相违因者，如说声常，所作性故，或勤勇无间所发性故。此因唯于异品中有，是故相违。

　　此显初违。此有二宗。由初常宗，空等为同品，瓶等为异品。所作性因，同品遍非有，异品遍有。应为相违量云：声是无常，所作性故，譬如瓶等。其第二宗，空为同品，电、瓶等为异品，勤发故因，同品遍无，异品分有。相违量云：声是无常，勤发性故，譬如瓶等。疏云：相违有四，何故初说法自相因？答，正所诤故。上比量相违相违决定，皆唯说彼法自相故。又云：此一似因，因仍用旧，喻改先立。后之三因，因喻皆旧。由是四因，因必仍旧，喻任改同。由是可知相违之过在因非喻。又云：下之三因，观立虽成，反为相违。一一穷究皆亦唯是同无异有，成相违故。

　　法差别相违因者，如说眼等必为他用，积聚性故，如卧具等。此因如能成立眼等必为他用，如是亦能成立所立法差别相违积聚他用。诸卧具等为积聚他所受用故。

　　谓数论师执有神我，能受用诸根境界。对佛法立神我是有，或眼等必为神我受用。然此二宗，前有所别不极成过，后有能别不极成过。由是诡立是宗，眼等必为他用。此之他言，总显眼等之外另有受者。积聚性因，意显眼等自非受者。要有真常实一之我乃为受者，因是乃以成其神我。故此言陈之他为法自性，而彼意许神我之他为法差别。次举喻言，如卧具等。卧具积聚性，卧具为他用，彼此共成。由此证知诸根积聚性故，亦必于诸根之外有一神我受用诸根。此量似为真立，然克实穷究，则彼积聚性因为神我之他受用，同喻不成。以卧具等为他受用者，非真常实一之他，乃积聚之他故。积聚之他即是假我，此与神我正成相违（五蕴假者，佛法亦许），故名法差别相违。如是因过，亦是同品非有、异品反有之过，故是相违因。疏：凡二差别各相违者，非法有法上除言所陈余一切义皆是差别。要是两宗各各随应因所成立意之所许所诤别义，方名差别。因令相违，名相违因。若不尔者，如立声无常宗，声之上可闻不可闻等义，无常之上作彼缘性、非彼缘性等，如是一切皆谓相违，因令相违，名为彼因，若尔便无相违因义。比量相违等皆准此释。此中义说若数论外道对佛弟子意欲成立我为受者，受用眼等。若我为有法受用眼等，便有宗中所别不成。积聚性因，两俱不成。如卧具喻，所立不成。若言眼等必为我用，能别不成，阙无同喻。积聚性因违法自相。卧具喻有所立不成。若成立眼等为假他用，相符极成。由此方便，矫立宗云：眼等必为他用，眼等有法指事显陈。为他用法，方便显示，意立"必为法之差别，不积聚他实我受用"。若显立云不积聚他用，能别不成，所立亦不成，亦缺无同喻。因违法自相，故须方便立。积聚性因，积多极微成眼等故。如卧具喻，其床座等是积聚性。彼此俱许为他受用，故得为同喻。因喻之法不应分别，故总建立。

此因如能成立眼等必为他用，如是亦能成立所立法差别相违积聚他用。

疏：此成违义。其数论师眼等五法即五知根。卧具床座即五唯量所集成法。不积聚他谓实神我，体常本有。其积聚他即依眼等所立假我无常转变。然眼等根不积聚他实我用胜，亲用于此受五唯量故。由依眼等方立假我，故积聚他用眼等劣。其卧具等必其神我须思量受用，故从大等次第成之。若以所思实我用胜，假我用劣，然以假我安处所须方受床座。故于卧具假他用胜、实我用劣。今者陈那即以彼因与所立法胜劣差别而作相违，非法自相。亦非法上一切差别皆作相违。故论但言与所立法差别相违。先牒前因能成王所立法自相云，此前所说积聚性因，如能成立数论所立眼等有法必为他用法之自相，即指此因如是亦能成先所立宗法自相意许差别相违之义，积聚他用。宗由他用是法自相，此自相上意之所许积聚他用不积聚他用是法差别。彼积聚因今更不改，还即以彼成立意许法之差别（相违），积聚他用。其卧具等积聚性故既为积聚假我用胜，眼等亦是积聚性故，应如卧具亦为积聚假我用胜。若不作此胜用难者，其宗即有相符极成，他宗眼等亦许积聚假他用故。但可难言假他用胜，不得难言实我用劣，违自宗故。共比量中无同喻故。若他比量一切无遮。

诸卧具等为积聚他所受用故。

疏：此释所由。成比量云：眼等必为积聚他用胜，积聚性故，如卧具等。诸非积聚他用胜者，必非积聚性，如龟毛等。

有法自相相违因者，如说有性非实非德非业。有一实故，有德业故。如同异性。此因如能成遮实等，如是亦能成遮有性。俱决定故。

此胜论师对五顶立。谓彼鸺鹠悟六句已，为传五顶，先说实德业，彼皆信之。至大有句，彼便生惑。仙言有者，能有实等。离实德业三外别有，体常是一。弟子不从云：实德业性不无即是能有，岂离三外别有能有。仙人便说同异句义，能同异彼实德业三。此三之上各各有一总同异性，随应各各有别同异。如是三中随其别类，复有总别诸同异性，体常众多，复有一常能和合性，和合实德业令不相离，互相属著。五顶虽信同异和合，然犹不信别有大有。鸺鹠便立论所陈量。比量有三，实德业三各别作故。今指彼论故言如说。有性有法，非实者法，合名为宗。此言有性，仙人五顶，两所共许，实德业上能非无性，故成所别。若说大有，所别不成，因犯随一。此之有性体非即实，因云有一实故。胜论六句束为四类，一者无实，二者有一实，三者有二实，四者有多实。地水火风父母常极微，空时方我意并德业和合皆名无实。四本极微体性虽多，空时等五体各唯一，皆无实因。德业和合虽依于实和合于实，非以为因。故此等类并名无实。大有同异名有一实，俱能有于一，一实故。至劫成初两常极微合生第三子微虽体无常，量德合故不越因量名有二实，因二极微之所生故。自此以后初三三合，生第七子，七七合生第十五子。如是展转生一大地，皆名多实。有多实因之所生故，大有同异能有诸实，亦得名为有无实，有二实，有多实。然此三种实等虽有，功能各别，皆有大有，令体非无。皆有同异，令三类别。名有一实。非德，非业，后二宗法。有法同前。此二因云，有德业故。实有多类，不言有一，但言有实，即犯不定。谓子微等皆有实故，德业无简，不须一言。三因、一喻，如同异性。仙人既陈三比量已，五顶便信。法既有传，仙便入灭。胜论宗义，由此悉行。陈那菩萨为因明之准的，作立破之权衡，重述彼宗，载申过难。故说此因如能成遮实等，如是亦能成遮有性，俱决定故。成遮实等，谓成遮有性非实非德非业三外别有，亦能成遮有性非是有性，即是出彼有法自相相违之过。今立量言，所云有性应非有性，有一实故，有德业故。如同异性，同异能有于一实等，同异非有性。有性能有于一实等，有性应非有性。因喻于二宗俱能决定成立故。有性既非有性，大有亦非大有。彼大有句义便不成。问：今难有性应非有性，如何不犯自语相违。答：若前未立有性非实，今难实等能有非有，此言乃犯自语相违，亦违自教。彼先已成非实之有，今即难彼，破他难他，非成诸过。问：于因三相是何过耶？答：今反难彼有性非有性，彼若成立有性是有性者，有一实因，异品遍有，同品遍无，如同异性，非有性故。同异性外无同喻故，即后二过。问：若尔，立声无常，所作性故，如瓶盆等，何不亦可出是过云，声应非声，所作性故，如瓶盆等。若尔，应一切宗皆有是过，皆无同喻故。疏云：声体非所诤故。盖现量所得，世共极成，若立彼宗声非声者，便有宗上种种过咎。今此所诤正为离实德业有性自体，是故破量，无如是过。

> 有法差别相违因者，如即此因，即于前宗有法差别作有缘性。亦能成立与此相违作非有缘性，如遮实等俱决定故。

疏：此言意说彼胜论立大有句义，有实德业。实德业三和合之时，同起诠言，诠三为有。同起缘智，缘三为有。实德业三，为因能起。有诠缘因，即是大有，大有能有实德业故。彼鸺鹠仙以五顶不信离实德业别有有故，即以前因成立前宗，言陈有性，有法自相，意许差别为有缘性。此有缘性，意谓心心所法缘境生解。要有彼有为境，然后缘彼心心所法有有解生。今人既于实德业上别起有解，言彼是有，故应离三别有"有"性为有解心之所缘缘，由是应知有别大有。今出彼相违量云：有性应作非有缘性，有一实故，有德业故，如同异性。虽作此解，义犹未明。《因明纲要》别举例云：《般若灯》十一胜论立量云，色体外（有）时与色和合（宗），缘现在时有识起故（因），如执杖人（喻）。论破之云：有识起因，于非时相境界起故，时相则坏。执杖者非常，常义则坏。自体法差别法皆破。此出彼因有有法自相相违及有法差别相违过。且作第二过量云：色体外（有）时应非常（宗），缘现在时有识起故（因），如执杖人（喻）。时是常时（立许）与非常时（敌许），是有法上应诤别义。今立量因成与立者所许相违之义，故过。

已说似因，当说似喻。

次解似喻，此初结前生后。

似同法喻有其五种：一能立法不成，二所立法不成，三俱不成，四无合，五倒合。

说似喻中，先总列诸过，次别举例明。于中皆先似同法喻，次似异法喻。

将释似喻，当了真喻。如先之例，声是无常，所作性故，或勤勇无间所发性故，诸所作者，见彼无常。或诸勤发者，见彼无常，譬如瓶等。此中同喻，一者喻体，谓诸所作者见彼无常，或诸勤发者见彼无常。二者喻依，谓如瓶等。此中瓶等，定有能立法，所作性，或勤发性，即有彼声上因性，必有所立法，谓无常性。然后乃能由瓶之所作勤发证声无常。设无能立法，即无有能证无常宗。设无所立法，即非同品，别成余宗。倘能立法、所立法两俱不成，即与宗因全无关属，无同法故，即非同喻。是故此三成似同喻，无力能证宗因义故，即不成喻，此三皆喻依过也。其喻体诸所作者见彼无常，或诸勤发者见彼无常，是乃表示一种真理，足为宗因依据。谓所作必无常，勤勇必无常，或无常之性定必随逐于所作性勤发性也。然后见勤发处，或所作处，即可断知彼是无常。今既见声是所作性、或勤发性，即可断声是无常矣。设此所作无常或勤勇无常都无关合，是则所作无常或勤勇无常但表各别二义，如云牛马，或言手足，除知有牛马二物手足二肢外，并无力能言牛之必马手之必足也。汝之所作无常、勤发无常，亦复如是，更不表示余差别义，何能为宗因依据之真理，而有所证成耶？此无合之过也。又诸所作见彼无常，或诸勤发见彼无常，乃以所作勤发建立无常，正符以因成立宗义。今如倒合，诸无常者见彼所作，或诸无常者见彼勤发，则是以无常证勤发所作，反以宗成因矣。然所诤在宗，不在因性。宗先未决，何以能成。因本共许，何用彼成。又况勤发不遍于无常，故有无常非勤发。无常常遍于勤发，故凡勤发必无常。是故勤发必无常，其理则是。无常必勤发，其理乃非。既非真理，成何喻体。此倒合之过乃重重矣。无合无用，倒合用乖。此二并是喻体之失。合是五过，同法喻成相似，非为真喻。

　　似异法喻亦有五种：一所立不遣，二能立不遣，三俱不遣，四不离，五倒离。

真异喻者，即如前量，诸性常者见非勤发，或非所作，如虚空等。此中虚空必遣所立，谓非无常。必遣能立，谓非所作，或非勤发。遣所立故，是宗异品。遣能立故，显因遍无。由此为证，始知异品遍无此因，而后简滥方尽，成立真宗，无不定相违之过。今设喻依法上不遣所立，则成同品。不遣能立，则因通于异品法中。两俱不遣，翻成同喻。如是于宗因何所证成，此三俱是异喻依过也。诸是常者见非所作，此言盖证异品常法定离能立所作勤发之因，异品遍无性，其义方显。乃以证明所作勤发定是无常。今若说言，于虚空等见非无常，及非所作或非勤发，则不显彼常法异品，定离所作勤发。非作非发，即不缘彼非无常矣。如说某某伤兵既失双耳复断一足，此中无耳与所断足绝无因果关系。言丧耳者，必断一足也。常及非作非发亦复如是，于立量宗因何所证成耶？是为不离之过。又若说言，诸非作者见彼是常，或诸非勤发见彼是常。如此，是以非作勤发之因成立常宗。然今所立乃在无常，能立之因乃正所作勤发。今以异因建立异宗，此与原量既无所关系，又适相反，立非所立，极为颠倒。又况非勤发者不定是常，诸电光等非是勤发，而是常故，如是即有不定之失。此皆倒离之过。如此不离倒离，均是异喻体失，总上五过为异喻过。

能立法不成者，如说声常，无质碍故，诸无质碍见彼是常，犹如极微。然彼极微所成立法当性是有，能成立法无质碍无，以诸极微质碍性故。

自下别举例明。此初似同法喻能立法不成。能立法者，即是因法。于此量中即无质碍。此无质碍因有不定过，以于异品一分心心所及电等法转故。于似因中已说，故此但显似喻。以喻成宗因喻必有能立法。今此极微非无质碍，声论胜论并说极微有质碍故。详声论立声常，以无碍为因者，以为有质碍者过余质碍即便毁坏。无质碍法，毁坏即无。虽为不定，亦有相似之理。则举喻即应以无质碍法而性常者为喻乃为能立。然此极微体是质碍，以是色等聚积因故。设无质碍，体如虚空，如何为因聚积成色。既有质碍，何以证成无质碍因？

　　所立法不成者，谓说如觉，然一切觉能成立法无质碍有，所成立法常住性无，以一切觉皆无常故。

　　次似同法喻所立法不成。疏云：喻上常住实非所立。即同于彼所立能立二种法者，即是其喻从所同为名故名所立。此意喻上常性，必先共许，非所诤故，实非所立。而名所立者，同宗中所立法故得所立名。觉即心心所法。能有所觉故，觉为性故，通名为觉。更不简彼邪执迷乱。心心所法刹那生灭，故非是常。

　　俱不成者复有二种：有及非有。若言如瓶，有俱不成。若说如空，对无空论无俱不成。

　　三、似同法喻俱不成过。有谓喻依体有，无谓喻依体无。喻体依于喻依，理论根于事实。不然，便成空理。有俱不成者，谓所举事实与理由相反。瓶虽是有，而能立所立无碍体常，两俱不成，适成异品，何成同法。无俱不成者，谓所举事实为自他或共所不承认，其体非有。即彼喻体无有所依，能立所立实义不显。如说如空，对无空论既不有虚空，即此无碍常性两无所依，便成无据。疏：问，虚空恒无，何非常住？虚空既无，何有质碍？答，立宗法略有二种：一者但遮非表，如言我无，但欲遮我，不别立无，喻亦遮而不表；二者亦遮亦表，如说我常，非但遮无常，亦表有常体。喻即有遮表，依前喻无体，有遮亦得成，依后但有遮，无表二立阙。今立声常是有遮表，对无空论但有其遮而无有表，故是喻过。今谓法义依于法体，体无义亦是无。同喻于宗为同品，同品有无必相同。声有空无，不成同品，即不为喻。设许虚空无体得成喻者，龟毛兔角亦无有体，应亦成喻。然如说言：诸无碍者见彼是常喻如龟毛。复成何语？盖世不见有龟毛，更谁见彼体无质碍而常住者？然若立法体无，龟毛亦得为喻。如云外执神我非有，真现比量不可得故，如龟毛等。

无合者，谓于是处无有配合，但于瓶等双现能立所立二法，如言于瓶，见所作性及无常性。

四、似同法喻无合过。合宗于因，见诸所作，必定无常。由此证成声既所作故亦无常。今无有合，宗因别举，于所立义无力证成，是故为过。疏中问云：诸所作者皆是无常，合宗因不？有云不合，以声无常他不许故。但合宗外余有所作及无常，由此相属能显声上有所作故，无常必随。今谓不尔，立喻本欲成宗，合既不合于宗，立喻何关宗事，故云诸所作者即合声上所作，皆是无常，即以无常合属所作。不欲以瓶所作合声所作，以瓶无常合声无常。若不无常合属所作，如何解同喻云"说因宗所随"。若云无常他不许不合者，不尔。若彼许者，即立已成，以彼不许故须合显。云诸所作者皆是无常犹如瓶等。又云：若如古师立声无常，以所作故，犹如于瓶。即别合云，瓶有所作瓶即无常，当知声有所作声即无常，故因喻外别立合支。陈那菩萨云：诸所作者即合声上所作之性。定是无常犹如瓶等，瓶等所作有无常，即显声有所作非常住。即于喻上义立合言，何须别立于合支？

倒合者，谓应说言，诸所作者皆是无常，而倒说言，诸无常者皆是所作。

五、似同法喻倒合过。疏：正应以所作证无常，今翻以无常证所作，故是喻过。即非所立，有违自宗，及相符等。如前广说，狭因可成宽宗，所作勤发皆可立无常，宽宗不定成狭因，无常不定能成所作及勤发倒合之过，非唯失其所立，又且于立无能自语成过也。今按同一之结果，可有众多之原因。同一之原因，亦可作众多之结果。此中立量应审观察，不可率尔。如人之死，其死也同，或有由病，或有被杀，或有自尽，或有服毒，或有药误，其因各别。故或病或杀皆可断其必死，而不能谓凡死皆由疾病或皆被杀。况乎疾病之中又有多种，见人病死亦不能言皆由某病。孤陋之士好以所见所闻执之以概一切，皆过矣！

如是名似同法喻品。

总结似同法喻。

似异法中所立不遣者，且如有言：诸无常者见彼质碍，譬如极微。由于极微所成立法常性不遣。彼立极微是常住故。能成立法无质碍无。

自下似异法喻五过。初所立不遣，疏：宗因如前（声常无碍），此中不举，但标似异所立不遣。此类非一，随明于一，故云且也。声胜二论俱计极微常故，不遣所立。俱计极微有质碍故，能立法无。

能立不遣者，谓说如业。但遣所立，不遣能立。彼说诸业无质碍故。

次能立不遣过。所立常性，业非是有，故遣所立。能立无碍，是业有故，不遣能立。要是无常必质碍者，乃能反证，无碍定常。故随一不遣皆非真异喻。似同法喻先能立不成次所立不成。似异法喻不尔者，同喻以因成宗，无因先自成过。异喻简滥，显因异品遍无，所立不遣，即非异品，何论遍无，故先成过。

俱不遣者，对彼有论说如虚空。由彼虚空不遣常性，无质碍故。以说虚空是常性故，无质碍故。

三、俱不遣过。疏：即声论师对萨婆多等立声常无碍，异喻如空。两宗俱计虚空实有、遍常、无碍。所以二立不遣也。问：似同不成，俱中开二，似异不遣，何不别明。答：同约遮表，无依成过。异遮非表，依无俱遣，故无非。今按《掌珍论》中真性有为空，如幻，缘生故。无为无有实，不起，似空华。二量皆无异喻，而量得成。即彼论云：为遮异品，立异法喻。异品无故，遮义已成，是故不说。于辩说时，假说异品建立比量，亦无有过。由是可知：异喻不但无体之法可成异喻，即无异喻，亦可成立比量也。《理门论》中亦云：为要具二譬喻言词方能成立，为如其因但随说一。若就正理应具说二，若有于一分已成随说一分亦成能立。虽非此正解，亦可旁证。

不离者，谓说如瓶，见无常性有质碍性。

四、不离过。说宗无处，定离彼因，是谓为离。如说声常，无质碍故。异喻，诸无常者见彼质碍，喻如瓶等。反显声无碍故声应是常。今此说如瓶，见无常性，有质碍性，即不显示无常之性定离无质碍，即无力能证无碍者彼定是常。由是于宗因无所助益，是故为过。

> 倒离者，谓如说言：诸质碍者皆是无常。

五、倒离过。异喻简滥，显宗无处，因定非有。唯应说言：诸无常者见彼质碍。由此显因，异品遍无。今此说言诸质碍者皆是无常，即以质碍成无常性非所立故，倒离成过。亦有他过如前说。

如是等似宗因喻言，非正能立。

总结似宗因喻，俱非能立。

> 复次，为自开悟，当知惟有现比二量。

自下第三，解二真量。此之二量，唯在自悟。或难：现量亲证，可唯自悟。能立三支，即是比量，何以唯自悟非悟他？答：虽三支即正比量，然彼属立敌双方对诤曲直，立量显正唯在悟他。此之比量谓自行推理，无敌无证，非诤曲直，自求了解，故唯自悟。闭户而思，瞑目而计，无言无说，故非悟他。或谓悟他必由自悟，故能立即比量之建为言说者，何以不能悟他？答：非谓比量不能悟他，但说比量只求自悟。非谓能立非比量，说建言旨在悟他。就功能言，则比量亦能悟他，以其为立量之根本故。立量亦能自悟，义愈坚决故。然有言无言既殊，悟他自悟遂别。通观则二事为一，别论则二事自分，义何疑也？言惟有现比二量者，古立多量：曰现、曰比、曰圣教、曰譬喻、曰义准无体等。现谓五识及俱意亲取自境所得亲知，是曰现量。比谓藉待已知境智推度未知而决知智，是曰比量。圣教谓甚深境界，非己亲证，亦非推得，但由净信取证圣言，依圣教宣示而得胜解，依教之知曰圣言量。譬喻量者，诸所未亲见，由他喻况而起了知，如未见虎者，说貌似猫而大于犬。现生之物未知当死与否，取譬先来一切生物而皆已死，由此了知现生之物当亦有死，由彼例此有同性故。此等喻知名譬喻量。义准量者，如无常者，亦无有我。今了声无常故，由此义准知亦无我。因义起义，曰义准量。无体量者，疏云：入此室中见主不在知所往处。如入鹿母堂不见比丘知所往处。

今此因明惟有二量者，依陈那义故。《理门论》云：由此能了自共相故，非离此二别有所量，为了知彼，更立余量。故依二相唯立二量。意谓诸法自性，亲局自体，不与他共，名曰自相。此唯现量所能证知。诸法差别名言施设种类施设等，遍通自他一切体故，总名共相，由此比量所能证知，如说声无常，所作性故，譬如瓶等。此中声言，是声共相，一切音声俱名声故。此之无常是声等共相，一切声及瓶等皆无常故。所作如无常，瓶等如声，共相亦尔，故比量唯了于共相也。譬喻由况，因彼知此。义准之量，举一反三。亦以共相而为所知。彼法自相各各自成，非可喻故，非义准故。故比量譬喻义准皆以共相为所知也。其圣教量通现及比，故《杂集论》云：圣教量者，谓不违二量之教。此云何？谓所有教，现量比量皆不相违，决无移转，是可信受，故名圣教量。圣教量既通属现比，故所了亦唯自共二相。今废圣教譬喻及义准者，圣教已同现比，譬喻义准唯属比量故。盖譬喻唯即比量一分，义准即由比量引发，是故非离比量而别有体。（旧说譬喻是现量，谓如见野牛不知，喻似家牛，是所现见故。今谓譬喻者，喻知是牛，牛属共相，即非现境，故云比量。）由此惟有现比二量。

复次，自共二相有二差别：一者经中自共相，现量所缘证法自性。如人饮水，冷暖自知，非可言诠说示于他，彼离言冷暖法自体者，说名自相。其无常等别别现证亦尔。至名种施设，凡落言诠，皆属共相。二因明自共相，凡一名义局自体者，即名自相。凡一名义如缕贯华通余法者,即名共相。且如说言,鲸是兽,胎生故,如牛。此中鲸为自相,兽为共相。鲸唯局于鲸,兽通牛等故。复言兽是动物,能移转身肢觅取食物故,如鸟等。此中兽为自相,唯局兽故。动物即共相,通鸟等故。再说动物是生物,即动物为自相,不通植物故。生物即共相,通于植物故。就经说,则一切皆共相;就因明,则或时为自相,或时为共相。类此可知。

  此中现量谓无分别。若有正智于色等义离名种等所有分别现现别转,故名现量。

  先解现量。不假寻求,无所计执,名无分别。草木瓦石诸色法等,亦无分别,亦现量耶？故次说言,若有正智,此显非即色等。彼非能缘,亦无所缘,非能证,无所证故。虽无分别,非即现量。要是智而后可为量故。智有邪正,邪智非现,有计度执取故。唯正智而后得为现量也。智属能缘,何为所缘？谓于色等义。色谓色蕴诸色,等谓等取四蕴诸法,心心所等智并缘故。色等义者,显缘色等实义不缘色等名言故。既缘色等义,何云无分别、无何等分别耶？答言:离名种等所有分别。名谓名言,种谓种类。等者,疏云:"等取诸门分别,故《理门论》云,远离一切种类名言,假立无异诸门分别。言种类者,即胜论师大有同异及数论师所立三德等。名言即目短为长等。皆非称实,名为假立。一依共相转,名为无异。诸门,二十三谛及六句中常无常等。或离一切种类名言,名言非一,故名种类。即缘一切名言名义定相系属,故名名言。依此名言假立一法贯通诸法,名为无异。遍宗定有,异遍无等,名为诸门。"云云。今谓名谓诸法自名,种谓诸法共相种,如言彼是李四张三者,唯分别其名。言彼是人牛犬马者，即分别其种。如言李四张三是人、此牛彼牛是牛者，名种同时分别。言诸门分别者，假有实有、胜义世俗、染净、善恶等，六十门诸门分别（见《杂集论》等）。此中种类分别，必属名言分别。诸门分别，必是种类分别。但名言分别不尽是种类分别，但分别彼私名不分别彼类故。有种类分别不尽是诸门分别，但分别彼种类不分别彼差别性故。《理门论》中假立无异者，应就所执假立名种，即不异彼诸法自相，定相属著，诠得彼体，执假即实，故名无异。

但离名种等分别即为现量耶？曰否，必现现别转始名现量。云现现者，谓境义现前，非过未，非障隔。心智亲证非比度非计执。复言别转者，《理门论》云："有法非一相，根非一切行。"如坚白石，身唯触坚，不见于白。目唯见白，不触于坚。二根更不总执坚白以为石也。然人见白即云见石，或人触坚即云触石，或云我见我触坚白石者，当知皆是后意分别名种之相，非现量也。眼现于现白转，身现于现坚转，二各别转，不互取故，名为现现别转。转谓转变生起而缘虑彼义。具如是义，始名现量。又一切有为法，从生即灭，刹那无常，故一切法唯一刹那有其自性，逾刹那后体即非有，其后起者又是一法。如此相续，如水之流，如光如声，觉其先后常住者，皆非现量。必前前后后刹那刹那现现别转而了知者乃为现量。且如我呼张家驹，彼张家驹即答言唯，此时之张家驹即谓已由现量知余呼彼者，此非现量，盖已将张家驹之三音执为一名，又计彼名为即是彼矣。然则真现量当如何？曰，当如以鞭击椁，但闻有"得得得得"之声现现别转，更不计有余义，斯为现量也。诸眩翳者见发蝇等，非正智故，虽离名种，不名现量。诸比量智缘名种等共相起者，虽无乖谬，亦正智收，有分别故，不名现量。要是正智于色等义离名种等所有分别现现别转，始名现量。然此现量非唯正智，以智唯是别境慧故。诸五识、五俱意识、贪等自证、及修定者离教分别，皆是现量。此正智唯属第四。显故特说，非无余三。

言比量者，谓藉众相而观于义。相有三种，如前已说，由彼为因，于所比义有正智生，了知有火或无常等，是名比量。

次解比量。所观之义，本不现前。藉现前众相为因而生正智。由是于义而得了知，是名比量。言三相者，即因三相，谓遍是宗法性，同品定有性，异品遍无性。如藉烟相，了知有火。由藉所作，了知无常。一、烟必遍彼处，所作之性必在声。二、诸有烟处必定有火，如厨下；诸有所作定无常，如瓶等。三、诸无火处定无烟，如一切无火处；诸是常者非所作，如虚空。由是三相为因，然后于所比义有正智生，了知有火，了知无常，决无乖谬，斯为比量也。疏云："明正比量智为了因，火无常等是所了果。以其因有现比不同，果亦两种火无常别。了火从烟，现量因起。了无常等，从所作等，比量因生。此二望智，俱为远因。藉此二因缘因之念，为智近因。忆本先知所有烟处必定有火。忆瓶所作而是无常，故能生智，了彼二果。故《理门》云：谓于所比审观察智，从现量生，或比量生。及忆此因与所立宗不相离念，由是成前举；所说力，念因同品定有等故，是近及远比度因故，俱名比量。即于此中有设难言：所比义者为即是火及无常耶？若云即火与无常者，火与无常世共知有，何须比知？答：所比之义实非即火与无常，彼处有火及声无常乃所比知故。若尔，何故论中但说了知有火或无常等耶？答：火及无常虽世共知，然彼处之火及声之为无常，非现知故，更须比度。彼处及声共现知故，非所比度，故此但说了知有火及无常等，意即了知彼处有火及声无常也。

问：言现比量者，为能量智，或所量境？答：古云二种俱是。疏云：问，言现量者为境为心？答，二种俱是。境现所缘，从心名现量。或体显现为心所缘，名为现量。于比量中又增比因及缘因之念，《理门论》云：是近及远比量因故，俱名比量。又言为现二门，此处亦应于其比果（所生智）说为比量，彼处亦应于其现因（生境）说为现量，俱不遮止。若尔，此论何故唯言正智？答：合因果说，境智及念皆名为量。就体而言，唯智非余。现境唯是所量故，比因及念唯是量具故。且比量因摄现及比，如何现量之境（如烟）亦比量耶？故言现境及比因等俱名量者，实非尽理。是故此论唯就能量正智说为现量及比量。如五识现量是识非色声等故。

问：比量与能立三支义全同耶？曰：实有不同。盖比量属于自我推理，能立属于立量悟他。立量悟他，必待先自了悟，是则能立待比量而后起也。又能立既立敌对扬，故宗中有法及法必须彼此极成，因喻亦必自他共许。若非然者，即不足以立量，而有诸般过失。比量唯求自悟，何来有法及法、因与譬喻、不极成不共许过耶？又立量悟他始于彼此对诤。彼此对诤，即各立一义各据一宗也。是故对他立量必先提出主张，标明宗极，以示与他不同。否则无须立量也。既立宗已，次陈立宗理由，故次说因。说因犹惧他不了知，故次说喻。俾彼知此因有根据，非托空言。同喻既陈，尤惧有其例外，复说异喻，简滥无乖。由是生他决定信解。

若夫推理则又不然。苟彼先来已有烟从火生、所作定无常之经验知识者，则见烟即知有火，见彼所作即知无常，当下即了，何须更立宗因譬喻。且见烟知火，见所作知无常，因必在先，宗乃在后，而烟从火生、所作定无常之经验知识，又必先于见烟见所作之当下所触。是喻又在因前矣。此就现前易知之比量以言也。若夫先来经验未成，知识未立，而骤遇难了难知之境界现前而欲求其解答，则其次序方法又有不同。第一为问题之发生；第二为对情境之观察而求其解决之路；既发现其症结，第三乃再求解决之方法；求解决之方法，第四又当权作假定；第五既作假定，即当对彼假定作一试验；试验而效，第六又当更验他事，审其有无例外；第七例外并无，则其假定即为此事之真理；于是第八即得结论，曰××者××也。而此比量因以成立，倘试验失败，则当更作假定，而另与实证。屡试不验，即当再三再四乃至多次重立假设，重作试验，重审观察。故有一事推证多日乃明，或十年数十年而后得其解决者。亦有前人提出假定，百千年后始得人证明之者。其成功不易如此。待既成定理，则后时沿而用之，其事现前，当下即解。故每一真理，哲人数十年勤劳求之而后得。后人习用，则庸人孺子而当下即能。此知识经验所以贵传授教学也。一切科学制造之发明，一切人伦道德之确立，无不如此。而岂果如对敌立量者之斯须立办者哉？

为显自悟悟他之异及推理立量之不同，略述其理由如此。概括言之，一、能立重在言，比量重在思。二、能立为对众诤论，故严于宗因譬喻之无过，比量为冥思独造之事，故重在观察推证假设实验之正确。三、能立先宗后因喻，比量先疑次观次思而后得结论。四、比量者能立之根据，能立者比量之表现乎言论者也。

于二量中即智名果。是证相故，如有作用而显现故，亦名为量。

二释量果。疏云：谓有难云，如尺秤等为能量，绢布等为所量，记数之智为量果。汝此二量，火无常等为所量，现比量智为能量，何者为量果？或萨婆多等难，我以境为所量，根为能量（彼以根见不许识见故），依根所起心及心所而为量果。汝大乘中即智为能量，复何为量果？或诸外道等执境为所量，诸识为能量，神我为量果，彼计神我为能受者知者等故。汝佛法中既不立我，何为量果，智即能量故。论主答云：于此二量，即智名果。即者，不离之义，即用此量智还为能量果。表之如次：

	所量	能量	量果
喻	布绢	尺	记数智
有部	境	根	心心所
外道	境	识	神我
大乘	境界（相）	智（见）	智（自证）

是证相故以下，释即智名果所以。盖尺秤等量物彼非能证相故，有待人智而为量果。此正智既是能证相体，是以既能量境，复能自证而为量果也。如有作用而显现故者，此重释证相。如有作用者，如现比量作用。而显现故，即此现比量作用显现于智体。此智体既是证相，故于彼显现作用而能证之，即亦名为量也。按陈那言：心心所法一识三分，相分是所量，见分是能量，自证分是量果。所以为量果者，见分能量相分，自证分复能量见分。见分缘相或现或比，自证分缘见唯现非比。如其现比量而现证故。故此说如有作用而显现故亦名量果也。又此中不言如彼作用而显现

故，但言如有作用者，作用有为主造作义。佛法但言因缘和合生，无为主义，故云但有功能缘无有作用缘。为简正有作用，故言如有作用也。

  有分别智，于义异转，名似现量。谓诸有智了瓶衣等分别而生。由彼于义不以自相为境界故，名似现量。

  自下第四大段明二似量。先明似现。如世间人共谓现见瓶衣，此为似现量。所以者何？眼识所缘，唯止于色，自余声等皆非所缘。而瓶藉色触等假合为体，世间总执为瓶等故。觉有瓶衣，乃是意识于眼识等现量色等外，于义异转，起彼分别，非以自相色等为境界，而以总执瓶衣为境界故，名似现量。

  此似现量共有几种？《理门》共说五种：一忆念，谓散心缘过去。二比度，谓独头意识缘现在。三希求，谓散意缘未来。四疑智，谓于三世诸不决智。五惑乱，谓于现世诸惑乱智。如见机为人，睹见阳焰谓之为水。瓶衣之智于五智中属于何种？属第五惑乱。所以者何？实不见瓶，执言见故。

  此瓶衣等依何而起？依先时名言计执而起。如小儿初生，未知名瓶，则但见色，无瓶觉故。后时随诸世间言说施设言此为瓶，即便随起名言义觉，谓见瓶等，故知瓶衣唯似现量。《理门》故言随先所受分别转故。

  问：圣者亦得瓶衣等不？答：无分别智不得瓶衣，有分别智亦得瓶衣。然则圣者亦有惑乱智耶？随顺世间而无执故，不名惑乱。由此当知：依实义故，瓶衣非现量；随世间故，因明立量亦说瓶衣为现量得。

若似因智为先，所起诸似义智，名似比量。似因多种，如先已说。用彼为因，于似所比诸有智生，不能正解，名似比量。

次释似比量。似因智者，觉了忆念执持似因之智，于非所据而据以推度故。由此为先，起后诸似义智。似义者，由似因比度所得之义，于似义起实执之智，名似义智。盖比量由因喻而得，因喻正故，所得义智皆正。因喻不正，则所得义智并非正也。既非正智，名似比量也。似因多种，如先已说，谓不成、不定、相违及诸似喻。此中但言似因不说似喻者，以因摄喻故。

复次，若正显示能立过失，说名能破。

自下第五大段解真能破。彼方立量，有多过失。我以正智，能显示彼所有过失，令彼能立义旨不成，说名能破。

谓初能立缺减过性，立宗过性，不成因性，不定因性，相违因性，及喻过性。

他失分二，一缺支，谓初能立缺减过性；二支失，谓立宗过性等。言缺支者，或总无言，或言无义。如数论者立我是思，不申因喻，无因喻故，名为无言。又虽有言，三相并缺，如声论师对佛法者立声为常，德所依故，犹如择灭。诸非常者，皆非德依，如四大种。此德依因虽有所说，三相并缺，义成为似，是名无义。此之缺过，约陈那因有三相，共为七句，缺一有三，缺二有三，缺三有一。缺一有三者，一缺初相，如数论师对声论立声是无常，眼所见故。声无常宗，瓶盆等为同品，虚空等为异品。此因但缺初一而有后二。次缺第二相，声论对萨婆多立声为常，所闻性故，虚空为同品，瓶盆为异品，此因但缺次相。三缺第三相，宗喻同前，所量性因缺第三相，于异品瓶等有故。缺二有三者，一缺初二相，如声论师对佛弟子立声非勤发，眼所见故，虚空等为同，瓶等为异，眼所见因缺初二相。（周云：佛法许眼但见色尘，不见瓶盆，故眼所见因于瓶非有。）二缺初一及第三相，如立我常，对佛法者，因云非勤发，虚空为同，电等为异，因缺所依，故无初相。电等上有，缺第三相。三缺后二相，四相违因，即缺后二。全缺者，如声论对胜论立声常，眼所见故，虚空为同，瓶盆为异，三相俱缺。立宗过性，谓现量相违等九过。不成因性，谓两俱不成等四过。不定因性，谓共不共等六过。相违因性，谓法自相相违等四过。喻过，谓同喻异喻各五种。如前似能立中广辩。

显示此言，开晓问者，故名能破。

显示此言，谓即显示缺支、支失诸过言，以此言故开晓问者，谓先言彼能立义非，彼必问言：义云何非？此即举出缺支、支失诸过，由是令彼自知过失，破其妄计。是故说名能破，即此亦是悟他。然能破中不但显示他是过失，亦有立量以破他者。《成唯识论》等破我法执，其例甚多，此论不说。

若不实显能立过言，名似能破。

大段第六明似能破。

谓于圆满能立，显示缺减过言。于无过宗，有过宗言。于成就因，不成因言。于决定因，不定因言。于不相违因，相违因言。于无过喻，有过喻言。

如是言说名似能破。以不能显他宗过失，彼无过故。

他真能立，无缺无过。自智轻微，妄出人非。蚍蜉撼树，唐劳无功，即此名为似能破也。又他虽有过而不善知彼过所在，妄兴弹击，如药不对症，无以破人迷执，以盲破盲，亦名似能破也。

此似能破，《理门论》中约为十四种，是谓十四过类。与能破为类故名类，而有过故名为过类。十四过类者：

一、同法相似过类。内曰：声无常，勤勇无间所发性故，诸勤发者皆无常，譬如瓶等。若是其常，见非勤发，如虚空等。外曰：声常，无质碍故，诸无质碍皆悉是常，如虚空。诸无常者，见彼质碍，如瓶等。此之外量有不定过，汝声为如空等无碍常耶？为如乐等无碍无常耶？此则以异法为同法，故名同法相似过类。外人此量有二意，一不立自宗，为显内义有共不定过，谓此声为如瓶等勤发故无常耶？为如空等无碍常耶？然此是似不定。真不定者，要以本因望同异品，谓有谓无，是真不定。今于勤发因外别立无碍因于异品有，故是似共不定也。二成立自宗，欲显内义有相违决定过。此亦非真。真相违决定，必须定因，今无碍因，空乐皆有，即自不定，何能出人相违决定也。

二、异法相似过类。内立量如前，外以同喻作为异喻，而出难云：声常，无碍故，诸无常者，见彼质碍，如瓶等。声既无碍，故声常。此但就同喻一分相违改作异喻，故云异法相似。然此有过，诸是常者非勤发，故以勤发证无常。无常有碍有非碍，何得无碍证是常。

三、分别相似过类。内曰：声无常，勤发故，如瓶等。外曰：声常，不可烧故不可见故，如虚空等。外意声同瓶勤发即声无常。然瓶是可烧可见，声既不尔，声应是常。夫瓶既勤发无常能立所立皆具，即是证成声勤发故声是无常。自余瓶声可烧不可烧可见不可见等，非此所应问也。果尔，世无一法同故。如汝所说虚空同喻，然空与声可闻不可闻异，亦何有同。故此分别即为相似。又汝不可烧见，乐等亦尔，而是无常，自犯不定，即堕似不定因过能破也。

四、无异相似过类。有三师释：第一，立声无常，所作性故，如瓶等。外曰：若言声瓶同所作，即声是无常，与瓶无异者。声瓶同所作，即声应可烧可见而非所闻性，与瓶无异故。量曰：声应可烧可见非所闻，所作性故，如瓶等。若许尔者，瓶亦应同声，不可烧见是所闻。此则声瓶应一而非二。外人抑令成无异者，欲显声瓶差别。声瓶虽同所作，而瓶自可烧可见，声不尔。如是声瓶虽同所作，而瓶自无常，声自常。然此非理，所作非一法，烧等闻等性自别。所作必无常，因果法尔常相随。何得以不定之义而斥必然之义欤？又法有自相共相之殊，自相必异，声瓶自异，闻烧各别。共相必同，所作无常均在声瓶也。吾人就共相以见生之必灭。尔就自相，强闻见皆同。世间只见生者必灭，谁见闻者必见，见者必闻。自违世间，不达法相，此之谓无异相似也。第二，内量云：声无常，勤发故，如瓶等。外出难云：声之无常，是生起无常。勤勇所发，亦属生起无常。本无而有，非毕竟故，此同所立，不可为因。今立为因，即犯随一不成因过。然立者无常，本立声之必有灭，谁诤声之必有生。故尔无常谓为生起以同勤发，是尔妄立，何预我宗。故为相似过类。第三，内立量云：声无常，勤发故，如瓶。外出难云：声瓶勤发虽同，可烧不可烧异。故声常瓶无常别。汝一勤发因等成二宗，即无有异。故出相违决定云：勤发声常，不可烧故，如空。然不可烧因通乐等异品，因自不定，故是似破。

五、可得相似过类。此复二：第一，内曰：声无常，勤发故，如瓶等。外曰：电风非勤发，以可见故是无常。故声无常非由勤发。既离勤发别有余因可得，故尔勤发非是正因。若是正因，非勤发处应无无常。此乃不知无常之因虽非一，然勤发者必无常。我以定因成其宗，何碍余因亦能立。汝以余因亦能立，便欲坏此决定因。然谁见此勤发因而不决了无常者。又汝可见不遍声，即尔可见亦非因。汝既不尔，此云何然。故汝余因可得非是能破。第二义者，内曰：声无常，勤发故，如瓶等。外曰：无常之物尽勤发，可说勤发是无常。无常有非勤发生，应此勤发非能立。此意勤发不遍无常品，便有一分不成因。如尼乾等立一切草木悉有神识，有眠故，如人等。然此眠因唯在尸利沙树，余树即无，以不遍故，有不成过。然此非理。我立声无常，勤发遍声上。尼乾立一切草木有神识，有睡眠因不遍宗。彼自有过，何预我宗。前说有余因，此说因不遍，故二差别。然外难云：风林等声，勤因不遍。答：我此所立，自是能诠表声。

六、犹豫相似过类。亦有二：第一，内量如前。外曰：无常有是生灭，如瓶盆等；有是隐显，如井水等。勤发之因为立何义？故成犹豫。此约宗难成犹豫也。第二约因难，一作不成过，二作不定过。不成过者，汝言勤发，为约生言，为就显言。若约生言，成声瓶不成井水；若约显言，成井水不成瓶声。是犹豫不成也。不定过者，汝声，为如瓶等勤发生故无常耶？为如井水勤发显故而是常耶？成犹豫不定也。内曰：我言无常，但据坏灭，汝于宗外妄益其生。生尚非宗，何容立显？故此分别但是妄施。此解难宗。又所作咽喉杖轮异，总言所作得成因。勤发生显虽不同，合言勤发亦成就。又水本生灭，谁言显耶？若谓水虽生灭，由人工勤发得见故是显者,我亦许之,得成正因,非不成也。问:所作生显分,即有随一过,勤发生显异,何故得成因?答:唯约声宗明所作,生显自他互不成,通就瓶水论勤发,生显自他俱成就。此解不成。又井水若是常,勤发显因成不定;井水既生灭,勤勇发显是定因。故《理门》云:若生若显,悉皆灭坏,非不定因。此解不定。

七、义准相似过类。内量如前。外曰:声是勤发故无常,电非勤发理应常。若电非勤发,而体仍无常,即声虽勤发,何妨体是常?若勤发非勤发体俱是无常,何妨常无常而俱是勤发?若谓常法凝然非勤发,亦可非法体寂非无常。内解:无常非尽勤发,勤发必皆无常。故可勤发证无常,不可无常尽勤发。无常既非尽勤发,何得非发便是常。非发尚非尽是常,况彼勤发而常者。故尔义准,唯以巧辞,不顾事理,非是能破。

八、至不至相似过类。内量如前。外曰:此因望宗为至不至?若至,如河归海,便失河名。勤勇所发至无常,亦但名宗失因义。又所立若不成,此因何所至?所立若成就,何烦此至因?若言不至者,勤发之因不至宗故,不成无常,即非因性。如立声常,眼所见故,此因不到声宗,故非因也。内曰:我所立因不为至宗,但为显了所立宗义。如色已有,用灯显之。何得以至不至难?勤发无常,本来自有。为令愚人不了无常,故以勤发显无常义,何问宗因至不至也?又如汝难实自违害?汝之宗因同此过故。又汝所破言,为至我义,为当不至?若至我义,即同我义,便不成破。若不至我义,如余不至,亦不成破。此即至与不至,俱非立破之因。约此以难,皆似非真。又河流到海,竟无因果之分。主到于舍,即有人物之异。灯不到暗,而无破暗之因。斧不到薪,则无薪破之果。此即至与不至，或异或同。因与非因，或到不到。何得独以池海例彼宗因？偏以非因齐此因义？今至不至既非定因，故汝难词似破所摄。

九、无因相似过类。内量如前。外曰：此勤勇发因为在无常之前，为在其后，为俱时耶？若在前者，未有宗义谁之因。若在后者，宗义已成何须因。若俱时者，一时同起谁果谁因。内曰：因有二种，一生，二了。生者如种生芽等，了者如灯照物等。就胜义谛，诸法无生，三世因果俱非所立。若约世俗，由因生果，果从因生。体则因先于果，名则因果互待而立。此理决定，不可为难。否则诽谤因果，成于邪见，不成难也。其了因者，不可定说若后若前，盖必先已通达诸勤发者皆是无常之一实理，然后以其勤发证成无常。勤发无常既为一理，何先何后？由见勤发知彼无常，则先因后果可也。倘谓未有宗前因即无用不成因者，岂种未生芽即非种耶？又汝所难有自害过，亦立宗因以难他故。

十、无说相似过类。内量如前。外曰：因言勤勇发，声即是无常，未说勤勇前，声应非无常。内曰：以灯照物知物有，未了其物物非无，以因了宗知宗义，未了宗时义自有。我此既不以勤发因生起无常，何得谓未说勤发前无常即非有也。生因了因，都无知识，何以破人。

十一、无生相似过类。内量如前。外曰：声已生者有勤发，可使是无常。声未生前无勤发，即当非无常。量曰：前声应常，非勤发故，如空。内曰：声未生前体非有，何得说彼常无常。我说之声皆已生，勤发无常义恒立。又汝立量因自不定，非勤发因通异品电等故，故是似破。

十二、所作相似过类。内量：声无常，所作性故，如瓶等。外曰：瓶藉泥轮等作，声从咽脐等作，所作既异，如何得以瓶为同品说声无常。此因于宗无，有随一不成过。然因明立量，唯总取共相，不取别义。若为分别，无量可立，故是似破。

十三、生过相似过类。内量如前。外难：瓶之无常为有因无因？若有因者，声上无常不极成，可用所作因成立。瓶上无常既共许，何烦所作因重成，有相符过。若无因者，瓶之无常既不待因自成立，声之常住何待因成。常若待因，无常应尔，此即喻中有所立不成过也。内曰：声之无常不共许，故须立彼所作因，瓶之无常既极成，何须更立因为证。此即于无过喻妄谓有过，故名生过相似过类。

十四、常住相似过类。内量：声无常，所作性故。外曰：声应常，恒不舍自性故，犹如虚空。此意无常之声既常与自无常性合，诸法自性恒不舍故，此即是常。汝立无常即违比量。然言无常，但就声体本无今有，暂有还无，说名无常。即此无常，与常住异，名之为性。为显声体性非常住，说声无常，岂离声外别有常住之无常性与声体合耶？故汝常住是相似过类。

上来十四过类，为陈那菩萨依足目《正理经》约其二十四种过类提取精要最极极成重为建立。详其《正理门论》，本论庄严疏中详为疏释。友人吕秋逸先生《因明纲要》、丘晞运先生《门论斠疏》，对此过类均有精要解析，学者可参究之。总观过类，盖皆诡辩之徒对真立者寻垢索斑、强词夺理、非过出过、迷惑听众、矫取胜利者。此论辩之邪径，学者所当避免者也。若过此等，即不可不知其矫妄所在，过类所归，而严持正理与之反击。似破既破，而真立乃立矣。然今此论所以不举十四过类者，以得摄入三十三过中故。详悉三十三过者，即一切诡辩均可破斥矣。

且止斯事。

上来立破正理,现比真诠,均已显示。如网在纲,如指诸掌。据此入论,精通神明。余义引申,既详他论。本论于焉告终,是以结言且止斯事。复说颂曰:

已宣少句义,为始立方隅。其间理非理,妙辩于余处。

句义虽少,纲领已张。闻一反三,方隅既立。真似立破,现比非量。是理非理,余论妙辩。显有不尽之义,望学者之勿以此为足也。

1946年2月完成于东方文教研究院

因明入正理论释

商羯罗主菩萨造
唐三藏法师玄奘译
周叔迦讲述

因明入正理论解题

因明入正理论者，梵云：
hetuvidya nyayapravera sastra
醯都费陀　那耶钵罗吠奢　奢萨怛罗
因明　　正理入　　　　论

所谓明者，慧能破暗之义，五明之通称。印度古代分一切世间学术为五类，号为五明，佛教因之，未有更易。《西域记》二云："七岁之后，渐授五明大论：一曰声明，释诂训字，诠目疏别。二工巧明，技术机关，阴阳历数。三医方明，禁咒闲邪，药石针艾。四曰因明，考定正邪，研核真伪。五曰内明，究畅五乘因果妙理。其婆罗门学四吠陀论。"

所谓因者，亲生之义。因有二种：一曰生因，如种生芽，如泥出瓶，能起别用故。二曰了因，如灯照物，能显果故。二各有三。生因三者：一言生因，二智生因，三义生因。言生因者，谓立论者立种种言，由此开示诸有问者未了义故，能生对论之人决定解故。智生因者，谓立论者发言之智，由此智故，能起言词，正生他解。义生因者有二：曰理曰境。因者谓立论者言所诠道理，为境能生对论者智故。了因三者：一智了因，二言了因，三义了因。智了因者，谓对论者能解之智，照解所说。言了因者，谓立论主能立之言，由此言故，对论之人了解所立。义了因者，谓立论者能立言下所诠之义，为境能生他之智了。虽有六因，他智解起，本藉言生故。言正是生因。他之智解，正是了因正义。惟取此二，余各兼摄。盖立论者虽假言生，方生对论之智，必资智义始有言生。对者虽假智了，方解所立之宗，必藉义言方有智了故。所谓因明者，略有五释：第一因之明，谓明前六因义故。第二明之因，谓立论者之成言为因，对论者之智解为明，由立论言对论解生故。三因与明异，谓因者言生因，明者智了因。由言生故，未生之智得智；由智了故，未晓之义得晓。四者因即明，因谓智了，照解所宗，亦即言生，净成宗义。明谓明显而已。第五教之随属，谓因明正理者，陈那本论之名，入论者，此论之称；或因明者此论之名，则正理者陈那教称；或因明者一部之通名，余为本论之别称。

所谓正理者，亦有五释：第一诸法真性，谓诸法本真，自性差别，时移解昧，旨多沉隐，余虽解释，邪而不中，今谈真法，故名正理。第二谓立正破邪之幽致，故称正理。第三所立义宗，鸿绪嘉献，称为正理。第四即陈那《因明正理门论》之简称。第五总通前四。

所谓入者，谓智解融贯，照明观察，诸法真性故，达解所入因明正理故，此论之别称也。

所谓论者，量也，议也。量定真似，议详立破，抉择性相，教诫学徒，名之为论。所谓因明入正理论者，此有三释：第一，为令对者随于此论言生因下所立宗义，而生智解入正理故。第二，此论辩说因明正理之能入故。第三，能造论人依于能入正理因明而说此论故。

商羯罗主菩萨造者,梵云

Sankarasvanin badhisatva krt

商羯罗塞缚弥　菩提萨埵　讫栗底

骨璅主　菩萨　造

所谓骨璅主者,印度古代相传成劫之始,大自在天人间化导,二十四返,匡导即毕,自在归天,事者倾恋,遂立其像,其苦行像淬疲饥羸,骨节相连,形状如焠,故标此像,名骨璅天。菩萨之亲少无子息,因从像乞,便诞菩萨,用天为尊,因自立号,以天为主,名骨璅主,乃大域龙即陈那菩萨之弟子。

Mahadinnaga

摩诃　特　那伽

大域龙

其生时,约在佛灭度后千年之时,即西历纪元后百年之间。陈那弘《瑜伽论》即法相宗,所著诸论凡四十余部,此土所传仅五部八译,其名如下:

《无相思尘论》(梁真谛译)

《解拳论》(梁真谛译)

《观所缘缘论》(唐玄奘译,即《无相思尘论》之异译)

《因明正理门论本》(唐玄奘译)

《因明正理门论》(唐义净译,即前论之异译)

《掌中论》(唐义净译,即《解拳论》之异译)

《取因假设论》(唐义净译)

《观总相论颂》(唐义净译)

其《因明正理门论》一卷,世称大因明论。天主以其旨微词奥,后学难穷,乃总括纪纲以为此论,世称小因明论。所谓菩萨者，即菩提萨埵之简称。菩提，秦译为道，亦为觉。僧肇注《维摩经》云："道之极者，称曰菩提，秦无言以译之，菩提者，盖是正觉无相之真智乎？"是故《智度论》云："菩提，秦言无上智慧，萨埵者，译云众生，亦译有情。"僧肇注《维摩经》云："萨埵，秦言大心众生，有大心入佛，名菩提萨埵。"玄应《音义》二十三云："萨此云有，埵此云情，故云有情。"言众生者，案梵本仆呼膳那，此云众生，语各别也。梵文萨埵又有勇猛义，唐一行三藏《大日经疏》云，萨埵略有三种：一者愚童萨埵，谓六道凡夫，不知实谛因果，心行邪道，修习苦因，恋著三界，坚执不舍，故以为名。二者有识萨埵，即二乘也，才觉知生死过患，自求出离，得至涅槃，著保化城，与灭度想，于如来功德，未生愿乐之心，故以为名。三者菩提萨埵，无上菩提出过，一切臆度戏论种种过失，是一向纯善曰净征妙不可譬类之义，即是众生本性不思议心也，能忍如是成道事，愿乐修行，坚固不动，故名菩提索多。论主福智悠邈，深达妙旨，其作斯论，考核前贤，规模后颖，故世尊之，称为菩萨云。

总摄诸论要义章第一

能立与能破,及似唯悟他。

现量与比量,及似唯自悟。

如是总摄诸论要义。

初一偈中凡明八义:一能立,二能破,三似能立,四似能破,五现量,六比量,七似现量,八似比量。所谓能立者,此有二义。一者支圆,凡立宗义,必须具述因由,广引喻况。此中宗义、因由、喻况三者,号曰三支,不应有阙。二者成就,谓正而无邪,真而无妄,如是方能生他智解。所谓能破者,亦有二义。一者出过破,谓直显他过,正斥其非。二者立量破,谓发言申义,立量征诘。所谓似能立者,亦有二义。一者阙支,谓宗因喻三,随应阙减。二者有过,谓伪陈因喻,谬显邪宗。所谓似能破者,亦有二义。一者妄诘,谓敌本无过,妄生弹诘。二者伪胜,谓自论有过,伪言胜他。所谓现量者,谓于前境现实量知其自体相,无分别心推求念者。此亦有二。一者散心,谓眼见色,耳闻声,鼻嗅香,舌尝味,身觉触,此五识之缘五境,以及意识之与五识同缘俱起者。二者定位,谓禅定之中意识及阿赖耶识之缘诸境。其时定心澄湛,境皆明证,随缘何法,皆名现量。所谓比量者,用分别心比类已知之事，量知未知之事也。若虽比类而不能生决定智者，非比量摄。所谓似现量者，此亦有二。一者谓散心中有分别心，有筹度行，而妄谓为得境自体。二者谓散心中虽无分别，而实不能冥证境体。所谓似比量者，妄兴由况，谬比邪宗，致令智解相违，分别互异，而生乖角也。所谓悟他者，凡有立破，皆是举己所知，发言为词，所以明是非，别胜负，唯悟于他也。所谓自悟者，现比量境所有理事，唯自心所缘，自智所证故。所谓如是总摄诸论要义者，因明轨式，古今增损不同，陈那重成规矩，立此八义，故云总摄。然学者必须辨别古今，考证同异，方能明解义蕴，兹将《瑜伽师地论》及《杂集论》二解，汇列于下，以资勘核。

《瑜伽师地论》卷第十五曰：云何论所依，当知有十种。谓所成立义有二种，能成立法有八种。所成立有二种者，一自性，二差别。所成立自性者，谓有立为有，无立为无。所成立差别者，谓有上立有上，无上立无上。常立为常，无常立无常。如是有色，无色，有见，无见，有对，无对，有漏，无漏，有为，无为，如是等无量差别门，当知名所成立。

《杂集论》卷十六云：论依者谓依此立论。略有二种：一所成立，二能成立。所成立有二：一自性，二差别。自性者谓我自性，法自性，若有若无。所成立差别者，谓我差别，法差别，若一切遍，若非一切遍，若常若无常，若有色若无色，如是等无量差别。

能成立法有八种：一立宗，二辩因，三引喻，四同类，五异类，六现量，七比量，八正教量。立宗者，谓依二种所立义各别摄受自品所许，或摄受论宗，若自辩才，若轻蔑他，若从他闻，若觉真实。或为成立自宗，或为破坏他宗，或为制伏于他，或为摧屈于他,或悲愍于他,建立宗义。

能成立有八种:一立宗,二立因,三立喻,四合,五结,六现量,七比量,八圣教量。立宗者,谓以所应成,自所许义,宣示于他,令彼解了。所以者何?若不言以所应成者,自宗已成而说示他,应名立宗。若不言自所许义者,说示他宗所应成义,应名立宗。若不言他者,独唱此言,应名立宗。若不言宣示者,以身表示此义,应名立宗。若不言令他解了者,听者未解此义,应名立宗。若如所安立,无一切过量,故建立我法自性,若有若无,我法差别,遍不遍等,具足前相,是名立宗。

辩因者,谓为成就所立宗义,依所引喻同类、异类、现量、比量及与正教,建立顺益道理言论。

立因者,谓即于所成未显了义,正说现量可得不可得等信解之相。信解相者,是信解因义。所以者何?由正宣说现量可得不可得等相故,于所应成未显了义信解得生,是故正说彼相,乃明立因。现量可得不可得者,谓依自体及相貌说。

引喻者,亦为成就所立宗义,引因所依诸余世间串习共许易了之法,比况言论。

立喻者,谓以所见边与未所见边和合正说。所见边者,谓以显了分。未所见边者,谓未显了分。以显了分显未了分,令义平等,所有正说名立喻。

同类者,谓随所有法,望所余法,其相展转少分相似。此复五种:一相状相似,二自体相似,三业用相似,四法门相似,五因果相似。相状相似者,谓于现在或先所见相状相属展转相似。自体相似者,谓彼展转其相相似。业用相似者,谓彼展转作用相似。法门相似者,谓彼展转法门相似,如无常与无我法,无我法与生法，生法与老法，老法与死法，如是有色，无色，有见，无见，有对，无对，有漏，无漏，有为，无为，如是等类无量法门展转相似。因果相似者，谓彼展转若因若果能成所成展转相似。

异类者，谓所有法望所余法，其相展转少不相似，此亦五种，与上相违，应知其相。

合者，为引所余此种类义，令就此法正说理趣。谓由三分成立如前所成义已，复为成立余此种类所成义故，遂引彼义令就此法，正说道理，是名合。

结者，谓到究竟趣所有正说，由此道理极善成就。是故此事决定无异，结合究竟，是名结。

已说宗等相。今当就事略显，如无我论者，即于此事对我论者，先说诸法无我，此言是立宗；次说若于蕴施设，四过所得故，此言是立因。所以者何？若于五蕴施设实我者，此所计我为即蕴相，为于蕴中，为于余处，为不属蕴而施设耶？若即蕴相而施设者，蕴不自在，从众缘生，是生灭法，若即彼相，我不成就，是名初过。若于蕴中而施设者，所依诸蕴既是无常，能依之我亦应无常，是第二过。若离蕴于余处施设者，我无所因，我亦无用，是第三过。若属蕴而施设者，我应独存，自性解脱，更求解脱，唐捐其功，是第四过。次说如于现在施设过去，此言是立喻。所以者何？若同现在相施设实有过去者，此所计过去，为即现在相，为于现在中，为于余处，为不待现在而施设耶？若即现在相而施设者，已生未灭，是现在相，过去法体亦应已生未灭为相，是初过。若于现在中施设者，于未灭中施设灭体，不相应故，不应道理，是第二过。若离现在于余处施设者，除现在外余实有为事少分亦不可得，云何于彼施设，是第三过。若不待现在而施设者，亦应施设无为为过去世,是第四过。然过去世相灭坏故,无相义成,若同现在施设即成四过。是故过去相不成就,诸法无我亦尔。若于蕴施设,即四过可得,故无我义成。次说如是遮破,我颠倒已,即由此道理,常等亦无,此言是合。后说由此道理,是故五蕴皆是无常,乃至无我,此言是结。

现量者,谓有三种:一非不现见,二非已思应思,三非错乱境界。非不现见现量者,复有四种:谓诸根不坏,作意现前,相似生故,超越生故,无障碍故,非极远故。相似生者,谓欲界诸根于欲界境,上地诸根于上地境,已生已等生,若生若起,是名相似生。超越生者,谓上地诸根于下地境已生等如前说,是名超越生。无障碍者,复有四种:一非覆障所碍,二非隐障所碍,三非映障所碍,四非惑障所碍。覆障所碍者,谓黑暗,无明暗,不澄清色暗所覆障。隐障所碍者,谓或药草力,或咒术力,或神通力之所隐障。映障所碍者,谓少小物为广多物之所映夺,故不可得,如饮食中药,或复毛端,如是等类无量无边,且如小光大光所映,故不可得。所谓日光映星月等,又如月光映夺众星,又如能治映夺所治,令不可得。谓不净作意映夺净相,无常苦无我作意映夺常乐我相,无相作意映夺一切众相。惑障所碍者,谓幻化所作,或色相殊胜,或复相似,或内所作,目眩昏梦闷醉放逸,或复颠狂,如是等类,名为惑障。若不为此四障所碍,名无障碍。非极远者,谓非三种极远所远:一处极远,二时极远,三捐减极远。如是一切总名非不现见,非不现故,名为现量。非已思应思现量者,复有二种:一才取便成取所依境,二建立境界取所依境。才取便成取所依境者,谓若境能作才取便成取所依止。犹如良医,授病者药,色香味触,皆悉圆满,有大势力,成熟威德。当知此药色香味触，才取便成取所依止药之所有大势威德。病若未愈，名为应思，其病若愈，名为已思。如是等类，名才取便成取所依境。建立境界取所依境者，谓若境能为建立境界取所依止。如瑜伽师于地思惟水火风界，若住于地思惟其水，即住地想转作水想；若住于地思惟火风，即住地想转作火风想。此中地想即是建立境界之取，地者即是建立境界取之所依。如住于地，住水火风，如其所应当知亦尔，是名建立境界取所依境。此中建立境界取所依境，非已思惟，非应思惟。地等诸界解若未成名应思惟，解若成就名已思惟。如是名为非已应思现量。非错乱境界现量者，谓或五种，或七种。五种者，谓非五种错乱境界。何等为五？一想错乱，二数错乱，三形错乱，四显错乱，五业错乱。七种者，谓非七种错乱境界。何等为七？谓即前五及余二种遍行错乱，合为七种。何等为二？一心错乱，二见错乱。想错乱者，谓于非彼相起彼相想，如于阳焰鹿渴相中起于水想。数错乱者，谓于少数起多数增上慢，如翳眩者，于一月处见多月像。形错乱者，谓于余形色起余形色增上慢，如于旋火见彼轮形。显错乱者，谓于余显色起余显色增上慢，如迦末罗病损坏眼根，于非黄色悉见黄相。业错乱者，谓于无业事起有业增上慢，如结拳驰走，见树奔流。心错乱者，谓即于五种所错乱义，心生喜乐。见错乱者，谓即于五种所错乱义忍受显说，生吉祥想，坚执不舍。若非如是错乱境界，名为现量。问："如是现量谁所有耶"？答："略说四种所有：一色根现量，二意受现量，三世间现量，四清净现量。"色根现量者，谓五色根所行境界，如先所说现量体相。意受现量者，谓诸意根所行境界，如先所说现量体相。世间现量者，谓即二种总说为一世间现量。清净现量者，谓诸所有世间现量，亦得名为清净现量；或有清净现量非世间现量,谓出世智,于所行境有知为有,无知为无,有上知有上,无上知无上,如是等类名不共世间清净现量。

现量者,谓自正,明了,无迷乱义。自正义言显自正取义,如由眼正取色等。此言为简世间现所得瓶等事共许为现量所得性,由彼是假,故非现量所得。明了言为简由有障等不可得因故不现前境。无迷乱言,为简旋火为轮、幻阳焰等。

比量者,谓与思择俱已思应思所有境思。此复五种:一相比量,二体比量,三业比量,四法比量,五因果比量。相比量者,谓随所有状相属,或由现在,或先所见,推度境界。如见幢故,比知有车。由见烟故,比知有火。如是以王比国,以夫比妻。以角犎等,比知有牛。以肤细软发黑轻躁容色妍美,比知少年。以面皱发白等相,比知是老。以执持自相,比知道俗。以乐观圣者,乐闻正法,远离悭贪,比知正信。以善思所思,善说所说,善作所作,比知聪睿。以慈悲、爱语、勇猛、乐施、能善解释甚深义趣,比知菩萨。以掉动、轻转、嬉戏、歌笑等事,比未离欲。以诸威仪恒常寂静,比知离欲。以具如来微妙、相好、智慧、寂静、正行、神通,比知如来应等正觉具一切智。以于老时见彼幼年所有相状,比知是彼。如是等类,名相比量。体比量者,谓现见彼自体性故,比类彼物不现见体,或现见彼一分自体,比类余分。如以现在比类过去,或以过去比类未来,或以现在近事比远,或以现在比于未来;又如饮食、衣服、严具、乘车等事,观见一分得失之相,比知一切;又以一分成熟比余熟分,如是等类名体比量。业比量者,谓以作用,比业所依。如见远物无有动摇,鸟居其上,由是等事,比知是机。若有动摇等事,比知是人。广迹住处,比知是象。曳身行处,比知是蛇。若闻嘶声,比知是马。若闻哮吼,比知狮子。若闻咆勃，比知牛王。见比于眼，闻比于耳，嗅比于鼻，尝比于舌，触比于身，识比于意。水中见碍，比知有地。若见是处，草木滋润茎叶青翠，比如有水。若见热灰，比知有火。丛林掉动，比知有风。瞑目执杖进止问他颠蹶失路，如是等事，比知是盲。高声侧听，比知是聋。正信聪睿离欲未离欲菩萨如来，如是等类，以业比度，如前应知。法比量者，谓以相邻相属之法比余相邻相属之法。如属无常，比知有苦。以属苦故，比空无我。以属生故，比有老法。以属老故，比有死法。以属有色、有见、有对，比有方所及有形质。属有漏故，比知有苦。属无漏故，比知无苦。属有为故，比知生住异灭之法。属无为故，比知无生住异灭法。如是等类，名法比量。因果比量者，谓以因果展转相比。如见有行，比至余方。见至余方，比先有行。若见有人如法事王，比知当获广大禄位。见大禄位，比知先已如法事王。若见有人备善作业，比知必当获大财富。见大财富，比知先已备善作业。见先修习善行、恶行，比当兴衰。见有兴衰，比先造作善行、恶行。见丰饮食，比知饱满。见有饱满，比丰饮食。若见有人食不平等，比当有病。现见有病，比知是人食不平等。见有静虑，比知离欲。见离欲者，比有静虑。若见修道，比知当获沙门果证。若见有获沙门果证，比知修道。如是等类，当知总名因果比量，是名比量。

比量者，谓现余信解。此云何？谓除现量所得余不现事，决定俱转先见成就。今现见彼一分时，于所余分正信解生，谓彼于此决定当有，由俱转故，如远见烟，知彼有火，是名现量为先比量。

正教量者，谓一切智所说言教，或从彼闻，或随彼法。此复三种：一不违圣言，二能治杂染，三不违法相。不违圣言者，谓圣弟子说或佛自说经教，展转流布，至今不违正法，不违正义。能治杂染者，谓随此法善修习时，能永调伏贪嗔痴等一切烦恼，及随烦恼。不违法相者，谓翻违法相，当知即是不违法相。何等名为违法相耶？谓于无相增为有相，如执有我有情、命者生者等类，或常或断，有色无色，如是等类。或于有相减为无相，或于决定立为不定，如一切行皆是无常，一切有漏皆性是苦，一切诸法皆空无我，而妄建立一分是常，一分无常，一分是苦，一分非苦，一分有我，一分无我。于佛所立不可记法，寻求记别，谓为可记，或安立记。或于不定建立为定，如执一切乐受皆贪所随眠，一切苦受嗔所随眠，一切不苦不乐受痴所随眠，一切乐受皆是有漏，一切乐俱故思，造业一向决定受苦异熟，如是等类。或于有相法中无差别相建立差别，有差别相立无差别，如于有为无差别相，于无为中亦复建立，于无为法无差别相，于有为法亦复建立，如于有为无为，如是于有色、无色、有见、无见、有对、无对、有漏、无漏随其所应皆当了知。又于有相不如正理立因果相，如立妙行感不爱果，立诸恶行感可爱果，计恶说法毗奈耶中，习诸邪行能得清净，于善说法毗奈耶中，修行正行谓为杂染，于不实相以假言说立真实相，于真实相以假言说种种安立。如于一切离言法中建立言说，说第一义。如是等类，名违法相，与此相违当知即是不违法相，是名正教。

圣教量者，谓不违二量之教。此云何？谓所有教现量比量皆不相违，决无移转，定可信受，故名圣教量。

问："若一切法自相成就，各自安立己法性中，复何因缘建立二种所成义耶？"答："为欲令他生信解故，非为生成诸法性相。"问："为欲成就所成立义，何故先立宗耶？"答："为先显示自所爱乐宗义故。"问："何故次辩因耶？"答："为欲开显依现见事决定道理。令他摄受所立宗义故。"问："何故次引喻耶？"答："为欲显示能成道理之所依止现见事故。"问："何故后说同类异类现量比量正教等耶？"答："为欲开示因喻二种相违不相违智故。又相违者，由二因缘，一不决定故，二同所成故。不相违者亦二因缘，一决定故，二异所成故。其相违者，于为成就所立宗义，不能为量，故不名量。不相违者，于为成就所立宗义，能为正量，故名为量，是名论所依。"

就《瑜伽师地论》及《杂集论》所述，虽各立八支，然其中微有不同。《瑜伽论》中立引喻一支为总，而于喻中又分别立同类异类二支。《杂集论》则以同异二类并入喻中，加入合结二支。据唐窥基大师《因明大疏》所述，则古师又有仅立四支，曰宗因同喻异喻者；又世亲菩萨所著《论式》《论轨》《论心》三书，广述因明，惜皆不传中土，彼但立三支，曰宗因喻，然皆以诸支为能立。至于陈那则以宗为所立，因喻为能立。兹将诸家异同表列于下：

	《瑜伽论》	《杂集论》	古师	世亲	陈那	
所立（义）	一自性	一自性			一自性	宗依
	二差别	二差别			二差别	
能立（法）	一立宗	一立宗	一宗	一宗宗（所立）	一能立	悟他
	二辨因	二立因	二因	二、因	二能破	
	三引喻	三立喻	三同喻	三喻	三似能立	
	四同类	四合	四异喻		四似能破	
	五异类	五结			五现量	自悟
	六现量	六现量			六比量	

	《瑜伽论》	《杂集论》	古师	世亲	陈那	
	七比量	七比量			七似现量	
	八正教量	八圣教量			八似比量	

其中所以差别者，就《瑜伽师地论》之说，则以为合结之交，皆就因喻而言，若无因喻，便无合结，故不别立。就《杂集论》之说，则以为同异虽殊，皆为引喻，故不别立，而合结之交，虽离因喻外不能别有，然能令因喻之义益得增明，况有喻无合，喻则不周。古师宗《瑜伽》，舍总而用别，故有四支。世亲具采二论，惟期简要，故唯有三支。皆不立三量者，以三量为立论者及对论者之智解，不为能立，考其文义，亦因喻所摄故。陈那所以判宗为所立者：盖以就能诠所诠而言，则义为所立，宗为能立；就能成所成而言，则宗为所立，因喻为能立，是故宗通能所；况所立义中自性差别二并极成，但是宗之所依，合以成宗，正是所诤，要须因喻，方为能立，故能立之中，定须除宗。以上明古今能立差别竟。

二能破者，诸论之中但有显敌过破，无立量破，以立量破定是显过，其显过破非必立量故。若据《瑜伽》《杂集》八支全数，阙一有八，阙二有二十八，阙三有五十六，阙四有七十，阙五有五十六，阙六有二十八，阙七有八，阙八有一，凡总计之，有二百五十五句缺减过性。若据古师说四以为能立，阙一有四，阙二有六，阙三有四，阙四有一，凡总之，有十五句缺减过性。若据世亲宗因喻中，阙一有三，阙二有三，阙三有一，凡总计之，有七句缺减过性。自世亲以后，皆除总阙一句，以总阙既本无体之有，何所阙而得过名。若据陈那，但就因三相中立阙减过，阙一有三，阙二有三，凡总计之，有六句阙减过性。唐玄奘三藏西游天竺时，彼六十年前，有一论师名曰贤爱，因明一论时无敌者，亦除总阙。自余诸师不肯除之，谓虽有言而三相并阙，何得非似，是故总阙亦近过性。今为易解，更立图如下：

〇古师《瑜伽》八为能立阙减过性

【阙一有八】

（宗）因引同异现比教

宗（因）引同异现比教

宗因（引）同异现比教

宗因引（同）异现比教

宗因引同（异）现比教

宗因引同异（现）比教

宗因引同异现（比）教

宗因引同异现比（教）

【阙二有二十八】

（宗）（因）引同异现比教	宗因（引）同（异）现比教
（宗）因（引）同异现比教	宗因（引）同异（现）比教
（宗）因引（同）异现比教	宗因（引）同异现（比）教
（宗）因引同（异）现比教	宗因（引）同异现比（教）
（宗）因引同异（现）比教	宗因引（同）（异）现比教
（宗）因引同异现（比）教	宗因引（同）异（现）比教
（宗）因引同异现比（教）	宗因引（同）异现（比）教
宗（因）（引）同异现比教	宗因引（同）异现比（教）
宗（因）引（同）异现比教	宗因引同（异）（现）比教
宗（因）引同（异）现比教	宗因引同（异）现（比）教

总摄诸论要义章第一

宗（因）引同异（现）比教	宗因引同（异）现比（教）
宗（因）引同异现（比）教	宗因引同异（现）（比）教
宗（因）引同异现比（教）	宗因引同异（现）比（教）
宗因（引）（同）异现比教	宗因引同异现（比）（教）

【阙三有五十六】

（宗）（因）（引）同异现比教	宗（因）引（同）异现（比）教
（宗）（因）引（同）异现比教	宗（因）引（同）异现比（教）
（宗）（因）引同（异）现比教	宗（因）引同（异）（现）比教
（宗）（因）引同异（现）比教	宗（因）引同（异）现（比）教
（宗）（因）引同异现（比）教	宗（因）引同（异）现比（教）
（宗）（因）引同异现比（教）	宗（因）引同异（现）（比）教
（宗）因（引）（同）异现比教	宗（因）引同异（现）比（教）
（宗）因（引）同（异）现比教	宗（因）引同异现（比）（教）
（宗）因（引）同异（现）比教	宗因（引）（同）（异）现比教
（宗）因（引）同异现（比）教	宗因（引）同（异）现比教
（宗）因（引）同异现比（教）	宗因（引）同异（现）比教
（宗）因引（同）（异）现比教	宗因（引）同异现（比）教
（宗）因引（同）异（现）比教	宗因（引）同（异）（现）比教
（宗）因引（同）异现（比）教	宗因（引）同（异）现（比）教
（宗）因引（同）异现比（教）	宗因（引）同（异）现比（教）
（宗）因引同（异）（现）比教	宗因（引）同异（现）（比）教
（宗）因引同（异）现（比）教	宗因（引）同异（现）比（教）
（宗）因引同（异）现比（教）	宗因（引）同异现（比）（教）
（宗）因引同异（现）（比）教	宗因引（同）（异）（现）比教
（宗）因引同异（现）比（教）	宗因引（同）（异）现比（教）
（宗）因引同异现（比）（教）	宗因引（同）异（现）比（教）
宗（因）（引）（同）异现比教	宗因引同异（现）（比）教

宗（因）（引）同（异）现比教	宗因引（同）异（现）比（教）
宗（因）（引）同异（现）比教	宗因引（同）异现（比）（教）
宗（因）（引）同异现（比）教	宗因引同（异）（现）（比）教
宗（因）（引）同异现比（教）	宗因引同（异）（现）比（教）
宗（因）引（同）（异）现比教	宗因引同（异）现（比）（教）
宗（因）引（同）异（现）比教	宗因引同异（现）（比）（教）

【阙四有七十】

（宗）（因）（引）（同）异现比教	宗（因）（引）（同）（异）现比教
（宗）（因）（引）同（异）现比教	宗（因）（引）（同）异（现）比教
（宗）（因）（引）同异（现）比教	宗（因）（引）（同）异现比（教）
（宗）（因）（引）同异现（比）教	宗（因）（引）（同）异现比（教）
（宗）（因）（引）同异现比（教）	宗（因）（引）同（异）（现）比教
（宗）（因）引（同）（异）现比教	宗（因）（引）同（异）现（比）教
（宗）（因）引（同）异（现）比教	宗（因）（引）同（异）现比（教）
（宗）（因）引（同）异现（比）教	宗（因）（引）同异（现）（比）教
（宗）（因）引（同）异现比（教）	宗（因）（引）同异（现）比（教）
（宗）（因）引同（异）（现）比教	宗（因）（引）同异现（比）（教）
（宗）（因）引同（异）现（比）教	宗（因）引（同）（异）现（比）教
（宗）（因）引同（异）现比（教）	宗（因）引（同）（异）现比（教）
（宗）（因）引同异（现）（比）教	宗（因）引（同）异（现）比（教）
（宗）（因）引同异（现）比（教）	宗（因）引（同）异（现）比（教）
（宗）（因）引同异现（比）（教）	宗（因）引（同）异现（比）（教）
（宗）因（引）（同）（异）现比教	宗（因）引（同）异现（比）（教）
（宗）因（引）（同）异（现）比教	宗（因）引同（异）（现）比（教）
（宗）因（引）（同）异现（比）教	宗（因）引同（异）现（比）教
（宗）因（引）（同）异现比（教）	宗（因）引同（异）现（比）（教）
（宗）因（引）同（异）（现）比教	宗（因）引同异（现）（比）（教）

（宗）因（引）同（异）现（比）教	宗因（引）（同）（异）（现）比教
（宗）因（引）同（异）现比（教）	宗因（引）（同）（异）现（比）教
（宗）因（引）同异（现）（比）教	宗因（引）（同）（异）现比（教）
（宗）因（引）同异（现）比（教）	宗因（引）同（异）（现）（比）教
（宗）因（引）同异现（比）（教）	宗因（引）同（异）现（比）教
（宗）因引（同）（异）（现）比教	宗因（引）同（异）现（比）（教）
（宗）因引（同）（异）现（比）教	宗因（引）同（异）（现）比（教）
（宗）因引（同）（异）现比（教）	宗因（引）同（异）（现）（比）教
（宗）因引（同）异（现）（比）教	宗因（引）同异（现）（比）（教）
（宗）因引（同）异（现）比（教）	宗因（引）同异（现）（比）（教）
（宗）因引（同）异现（比）（教）	宗因引（同）（异）（现）（比）教
（宗）因引同（异）（现）（比）教	宗因引（同）（异）（现）比（教）
（宗）因引同（异）（现）比（教）	宗因引（同）（异）（现）（比）教
（宗）因引同（异）现（比）（教）	宗因引（同）（异）（现）（比）（教）
（宗）因引同异（现）（比）（教）	宗因引同（异）（现）（比）（教）

【阙五有五十六】

（宗）（因）（引）（同）（异）现比教	（宗）因（引）同（异）现（比）教
（宗）（因）（引）（同）异（现）比教	（宗）因（引）同（异）现（比）教
（宗）（因）（引）（同）异现（比）教	（宗）因（引）同异（现）（比）教
（宗）（因）（引）（同）异现比（教）	（宗）因引（同）（异）（现）（比）教
（宗）（因）（引）同（异）（现）比教	（宗）因引（同）（异）（现）比（教）
（宗）（因）（引）同（异）现（比）教	（宗）因引（同）（异）现（比）教
（宗）（因）（引）同（异）现比（教）	（宗）因引（同）异（现）（比）教
（宗）（因）（引）同异（现）比教	（宗）因引同（异）（现）（比）教
（宗）（因）（引）同异现（比）教	宗（因）（引）（同）（异）（现）比教
（宗）（因）（引）同异现（比）（教）	宗（因）（引）（同）（异）（现）比教
（宗）（因）引（同）（异）现比教	宗（因）（引）（同）（异）现比（教）

（宗）（因）引（同）（异）现（比）教	宗（因）（引）（同）异（现）（比）教
（宗）（因）引（同）（异）现比（教）	宗（因）（引）（同）异（现）比（教）
（宗）（因）引（同）异（现）（比）教	宗（因）（引）（同）异现（比）（教）
（宗）（因）引（同）异（现）比（教）	宗（因）（引）同（异）（现）（比）教
（宗）（因）引（同）异现（比）（教）	宗（因）（引）同（异）（现）比（教）
（宗）（因）引同（异）（现）（比）教	宗（因）（引）同（异）现（比）（教）
（宗）（因）引同（异）（现）比（教）	宗（因）（引）同异（现）（比）（教）
（宗）（因）引同（异）现（比）（教）	宗（因）引（同）（异）（现）（比）教
（宗）（因）引同异（现）（比）（教）	宗（因）引（同）（异）（现）比（教）
（宗）因（引）（同）（异）（现）比教	宗（因）引（同）（异）现（比）（教）
（宗）因（引）（同）（异）现（比）教	宗（因）引（同）异（现）（比）（教）
（宗）因（引）（同）（异）现比（教）	宗（因）引同（异）（现）（比）（教）
（宗）因（引）（同）异（现）（比）教	宗因（引）（同）（异）（现）（比）教
（宗）因（引）（同）异（现）比（教）	宗因（引）（同）（异）（现）比（教）
（宗）因（引）（同）异现（比）（教）	宗因（引）（同）（异）现（比）（教）
（宗）因引（同）（异）（现）（比）教	宗因（引）（同）异（现）（比）（教）
（宗）因引同（异）（现）（比）（教）	宗因引（同）（异）（现）（比）（教）

【阙六有二十八】

（宗）（因）（引）（同）（异）（现）比教	（宗）因引同（异）（现）（比）（教）
（宗）（因）（引）（同）（异）现（比）教	（宗）因（引）（同）（异）（现）比教
（宗）（因）（引）（同）（异）现比（教）	（宗）因（引）（同）（异）现（比）教
（宗）（因）（引）（同）异（现）（比）教	（宗）因（引）（同）（异）现比（教）
（宗）（因）（引）（同）异（现）比（教）	（宗）因（引）（同）异（现）（比）教
（宗）（因）（引）（同）异现（比）（教）	（宗）因（引）同（异）（现）（比）教
（宗）（因）（引）同（异）（现）（比）教	（宗）因引（同）（异）（现）（比）教
（宗）（因）（引）同（异）（现）比（教）	（宗）（因）（引）（同）（异）（现）（比）教
（宗）（因）（引）同（异）现（比）（教）	宗（因）（引）（同）（异）现比（教）

（宗）（因）（引）同异（现）（比）（教）	宗（因）（引）（同）（异）现（比）（教）
（宗）（因）引（同）（异）（现）（比）教	宗（因）（引）（同）异（现）（比）（教）
（宗）（因）引（同）（异）（现）比（教）	宗（因）（引）同（异）（现）（比）（教）
（宗）（因）引（同）（异）现（比）（教）	宗（因）引（同）（异）（现）（比）（教）
（宗）（因）引（同）异（现）（比）（教）	宗因（引）（同）（异）（现）（比）（教）

【阙七有八】

（宗）（因）（引）（同）（异）（现）（比）教

（宗）（因）（引）（同）（异）（现）比（教）

（宗）（因）（引）（同）（异）现（比）（教）

（宗）（因）（引）（同）异（现）（比）（教）

（宗）（因）（引）同（异）（现）（比）（教）

（宗）（因）引（同）（异）（现）（比）（教）

（宗）因（引）（同）（异）（现）（比）（教）

宗（因）（引）（同）（异）（现）（比）（教）

【阙八有一】

（宗）（因）（引）（同）（异）（现）（比）（教）

○有说四为能立阙减过性

【阙一有四】

（宗）因同异　宗（因）同异　宗因（同）异　宗因同（异）

【阙二有六】

（宗）（因）同异　　（宗）因（同）异　　（宗）因同（异）

宗（因）（同）异　宗（因）同（异）　宗因（同）（异）

【阙三有四】

（宗）（因）（同）异　（宗）（因）同（异）

（宗）因（同）（异）　宗（因）（同）（异）

【阙四有一】

（宗）（因）（同）（异）

○世亲《论轨式》等三为能立缺减过性

【阙一有三】

（宗）因喻　宗（因）喻　宗因（喻）

【阙二有三】

（宗）（因）喻　（宗）因（喻）　宗（因）（喻）

【阙三有一】

世亲以后皆除此句

（宗）（因）（喻）

○陈那、贤爱因一喻二为能立阙减过性

【阙一有三】

遍宗法性　同品定有　异品遍无

【阙二有三】

遍宗法性同品定有

遍宗法性异品遍无

同品定有异品遍无

自余诸师更立第七，阙三有一亦阙减过，不肯除之如下具叙。

以上明古今能破差别竟。

第三似能立中，天主立三十三过，古师但有二十七过，陈那说有二十九过，其同异差别，表列于下：

	古说	陈那	天主
似宗	六相违	五相违	五相违
	○	○	四不成

	古说	陈那	天主
似因	二不成	四不成	四不成
	五不定	六不定	六不定
	四相违	四相违	四相违
似喻	同喻五	同喻五	同喻五
	异喻五	异喻五	异喻五

其中古今差别有四：（一）似宗之中，古师有宗因相违过，如声论者立声为常，一切皆是无常故因。古师意谓既立常宗，何得乃以一切皆是无常为因也，且此因非有，以声摄在一切故。陈那破云，此非宗过，但是恶立异喻方便显因故。应立声常，非一切因，诸非一切者皆体是常，犹如虚空，为其同喻；诸无常者，皆是一切，犹如瓶等，为其异喻。今若共许声摄在一切中者，便是因中两俱不成过。若唯外道许声非一切因，于宗中有，内道不许声非一切，因于宗无，即是因中随一不成过。且异喻离法，先宗后因，既立常宗，非一切因，异喻离言，诸无常者，皆是一切，而今说言一切皆是无常故，先因后宗，即是异喻中倒离过。是故宗因相违，非是宗过，是因喻过，且先陈其宗犹未有过，举因方过，何得推过乃在宗中。不同现比相违，彼但举宗，已违因讫，乃至因中四相违过及不共不定，未举其喻，其过已彰也。陈那既破，天主随顺，故亦不立。（二）似宗不成，陈那不立者，以能别不成，即是因中不共不定等过，亦是喻中所立不成阙无同喻等过。所别不成，有法无故，即因过中所依不成过。其俱不极成，即合是二过。相符极成者，凡所立论，名义所达，既同相符，便非所立，本非宗故。依何立过，如诸俗人，不受戒者，依何说有持戒破戒，是故不说后之四过。天主之意，以为因已有阙同品及不共等过，喻中

复说能立不成，因中已有异品遍转、异品一分转等性，喻中复说能立不遣，此既郑重，何废宗过亦为因过。且能立本欲立此能别所别互相差别不相离性和合之宗，若非能别，谁不相离，所别亦然，是故加之。若不立此三过者，所依非极成就，便更须成，宗既非真，何名所立。若以相符本非宗故，依何立过者，因中两俱不成及喻中俱不成，俱不遣，应亦非因喻，依何立过，因喻有所申述，宗亦有说，是故加之。（三）似因不成，古师不说犹豫、所依二不成过，以此不成因，亦不成宗，同于两俱不成及随一不成中收故。陈那以为其理虽尔，初二过者，一向决定；此犹豫因，一向是疑。初二过中，所依定有；所依不成，于宗定无。故开为四。（四）似因不定，古师除不共因，异品无故。陈那加之，由不共故。

第四诸量之中，古立三量，圣教量或名声量，观可信声而比义故。或立四量，加譬喻量，如不识野牛，言似家牛，方以喻显故。或立五量，加义准量，若法无我，准知必无常，无常之法必无我故。或立六量，加无体量，一名无性量，入此室中，见主不在，先有诚言，知所往处。如入僧堂，不见比丘，知所往处。陈那废后四种，随其所应摄入现比。由斯论主但立二量。现量者，谓证自相。比量者，谓证共相。似现似比，皆共相摄，总名非量。现比非三，皆约见分辨，若依心体，见分通比非，自证必现故。

能立体义章第二

此中宗等多言，名为能立。由宗因喻多言，开示诸有问者未了义故。

此章初二句举能立之体，次二句释能立之义。第一举体者，谓总举多法，方成能立，故曰宗等多言名为能立。言此中者，凡有四义：一，总发论端。二，泛词标举。三，此论所明，总有八义，且明能立，未论余七，简去余七，特明此一，故称此中，是简持义。四，斥去邪宗增减，指取正宗中道。邪增者，增似立为真立，增似破为真破。邪减者，以真立为似立，以真破为似破。中道者，二真为真，二似为似。故曰此中是指、斥义。宗是何义？所尊、所崇、所主、所立之义。等者，等取因之与喻。世亲以前，宗为能立，陈那但以因之三相，因同异喻，而为能立。今言宗等名能立者，文顺于古，义则有异。盖古师皆以宗为能立，自性差别二为所立，陈那遂以自性差别二为宗依。所立即宗，因及二喻成此宗故，而为能立。今论若言因喻多言名为能立，不但义旨见乖古师，文亦相违，遂成乖竞。是故陈那天主禀先贤而为后论，文不乖古，举宗为能等，义别先师，唯取因喻为能立性。何以见之？谓宗是所立，因等能立，若不举宗以显因喻之能立，则不知因喻为谁之能立，恐谓同古。自性差别二之能立，今标其宗，显是所立。能立因喻，即是此所立宗之能立。虽举其宗，意取一因二喻为能立体。言多言者，梵语声明，一切实字虚字之变化谓之苏漫多Suba-ta凡有八转声：一曰体声 Nirdesa（Nominativ），二曰业声 Upalesana（Vakatw），三曰具声 Kaitrkarana（Akku atw），四曰为声 Sainpradana（Tnst umental），五曰从声 Apadana（Datw），六曰属声 Svamivacana（Ablativ），七曰依声 Sain ni dhan rtha（Gluitiv），八曰呼声 Araantrana（Lokativ）。一一声中又有数别，即一言、二言、多言，ekav canam（Singulal）dv，oacanara（duel），Lahuvacanom（pjura）。如唤男子一人名补噜洒（purusa），两人名补噜箱（purusau），三人以上名补噜沙（purusa）。八啭声之例，又视其字之性别而异，所谓男声、女声、非男非女声。今能立者，梵云婆达那Vadana此为语根。一言云婆达南（Vadanaiy），二言云婆达泥（Vadani），多言云婆达（Vadah）。论中能立乃婆达声。说既并多言，云何但说因喻二法以为能立？谓以因有三相，一因二喻岂非多言？非要三体。由是定说宗是所立。又复颂中八义无有所立者，岂非摄法不尽耶？然八义所成即是宗故，但举能立定有所立，不须言宗，即已摄讫。夫因明者，谓观察义中，诸所有所事。不举其宗，于何观察。故今举宗，显所有事，为能立体。复次能立因喻有言、有义、有智，何以不说多智、多义名为能立，而说多言名为能立者？谓立论之法，本生他解。他解照达所立宗义，本由立者能立之言。其言生因，正是能立；智义顺此，亦得因名。由言生因，生对论者智解故。对论智解，为正了因，亦为能立性。若不尔者，如似因中相违决定。言文具足，应名能立。既由他智，不生决解，名为似立。是故通取言生智了为能立体。今此据本，故但标言，名为能立。《瑜伽师地论》中亦以言生因为立论之体。彼论卷十五云："云何论体性？谓有六种：一言论，二尚论，三诤论，四毁谤论，五顺正论，六教导论。言论者，谓一切言说、言音、言词是名言论。尚论者，谓诸世间随所应闻，所有言论。诤论者，谓或依诸欲所起，若自所摄诸欲他所侵夺，若他所摄诸欲自行侵夺，若所爱有情所摄诸欲更相侵夺，或欲侵夺。若无摄受诸欲，谓歌舞戏笑等所摄，若倡女仆从等所摄，或为观看、或为受用。于如是等诸欲事中，未离欲者，为欲界贪所染污者，因坚执故、因缚著故、因耽嗜故、因贪爱故，发愤乖违；喜斗诤者，兴种种论，兴怨害论，故名诤论。或依恶行所起，若自所作身语恶行，他所讥毁；若他所作身语恶行，自行讥毁；若所爱有情所作身语恶行，互相讥毁。于如是等行恶行中，愿作未作诸恶行者，未离欲界贪嗔痴者，重贪嗔痴所拘蔽者，因坚执故、因缚著故、因耽嗜故、因贪爱故，更相愤发，怀染污心，互相乖违；喜斗诤者，兴种种论，兴怨害论，故名诤论。或依诸见所起。谓萨迦耶见、断见、无因见、不平等因见、常见、两众见等，种种邪见，及余无量诸恶见类。于如是诸见中，或自所摄他所遮断，或他所摄自行遮断，或所爱有情所摄，他正遮断，或已遮断，或欲摄受所未摄受。由此因缘，未离欲者，如前广说，乃至兴种种论，兴怨害论，是名诤论。毁谤论者，谓怀愤发者，以染污心，振发威势，更相摈毁。所有言论，谓粗恶所引，或不逊所引，或绮语所引，乃至恶说法律中，为诸有情，宣说彼法，研究抉择，教授教诫，如是等论，名毁谤论。顺正论者，谓于善说法律中，为诸有情宣说正法，研究抉择，教授教诫，为断有情所疑惑故，为达甚深诸句义故，为令知见毕竟净故，随顺正行，随顺解脱，是故此论名顺正论。教导论者，谓教修习增上心学增上慧学补特伽罗心未定者，令心得定；心已定者，令得解脱。所有言论，令彼觉悟真实智故，令彼开解真实智故，是故此论名教导论。问：此六论中，几论真实，能引义利，所应修习？几不真实，能引无义，所应远离？答：最后二论，是真是实，能引义利，所应修习。中间二论，不真不实，能引无义，所应远离。初二种论，应当分别。"复次何故能立要在多言，一二之言定非能立？盖因之三相，于比量中，唯见此理。凡所比处，此相定遍；于余同类，念此定有，于彼无处，念此定无。是故由此生决定解。因三相者，即宗法性，同有、异无，显义圆具，必藉多言。故说多言名为能立。又一二之言，宗由未立；多言义具，所立方成。若但说因，无同喻比，义不明显，何得见边？若但同无异，虽比附宗，能立之因或返成异法，无异以止滥，何能建宗？设有两喻，阙遍宗因，宗法既自不成，宗义何由得立？果宗不立，因比徒施，空致纷纭，竞诤岂消？故详古今，能立具足，要藉多言。

  第二释能立义中，诸有问者，谓对论之人。未了义者，谓立论者所宗，其对论者，一由无知，二为疑惑，三为废忘，四为各宗异学未了立者立何义旨，五为初闻未审次更审知而有所问，故以宗等如是多言成立宗义，除彼无知、犹豫、僻执，令了立者所立义宗。其论义法，《瑜伽师地论》中说有六处所："一于王家，二于执理家，三于大众中，四于贤哲者前，五于善解法义沙门、婆罗门前，六于乐法义者前。"于此六中，必须证者，善自他宗，心无偏觉，出言有则，能定是非。证者即问，立何论宗，今以宗等，如是多言，申其宗旨。令证义者，了所立义。言开示者，有其三义：一对者未闲，今能立等，创为之开，证者先解，今能立等，重为之示。二双为言开示其正理。三先会已解,多时废忘,而问为开;先所不解,为欲忆念而问为示。由者因由,第三啭摄。故者所以,第五啭摄。因由对论问所立宗,说宗因喻开示于彼,所以多言名为能立也。

广示宗相章第三

此中宗者，谓极成有法，极成能别，差别性故。随自乐为所成立性，是名为宗。如有成立声是无常。

广示宗相中，凡有四意：（一）谓极成有法，极成能别者，明宗之所依。（二）谓差别性故者，明宗之自体。（三）谓随自乐为所成立性者，简妨滥失。（四）谓是名为宗，如有成立声是无常者，结成指例也。

第一，显依之中，言极者，至极也；成者，成就也。至极成就，故名极成。宗之所依，凡有二种：一曰有法，二曰能别。所以者何？一切法中，略有二种，一体，二义。譬如五蕴，色等是体；此上有漏无漏等义，名之为义。体之与义，各有三名，如下表列：

体　自性　有法　所别
义　差别　法　　能别

论中互参举名，故曰有法及能别。此二但是宗依，而非是宗。此依必须立论者与对论者之所共许，于是宗体方成，是名极成。至理有故，法本真故。若非共许，所依既无，能依何立？便有二过：一成异义过，谓能立本欲立此有法与能别二者不相离性和合之宗，若所依非先共许者，便须更立，乃则能立成于异义，非成本宗。由此宗依，必须共许。能依宗性，方非极成，能立成之，本所诤故。二阙宗支过，非为圆成。况若能别若非共许，因中必阙同喻，或同品非定有性过，同喻皆有所立不成过，异喻则有一分或遍转过。有法若非共许，能别无依，是谁之法；因中则有所依随一两俱不成等过。是故宗依，必须共许。复次诸法体义领各别有自相差别二者，如因相违过中说。谓言所带名为自相，不通他故；言中不带，意所许义，名为差别，以通他故。是故因明中释自相差别义总有三重：一者局通。诸法自相唯局自体，不通他上，义对狭故，名为自性；如缕贯华，贯通他上诸法差别义，义对宽故，名为差别。二者先后。先陈名自性，前未有可分别故；后说名差别，以前有法可分别故。三者言许。言中所带名自性，意中所许名差别，言中所申之别义故。自性亦名有法，差别亦名法者，法有二义：一能持自体，二轨生他解。初之所陈，前未有说，唯持自体，义不殊胜；其异解生，唯待后说。谓以后说分别前陈，方能屈曲生他异解。能持复轨，具足两义。义殊胜故，独得法名。前之所陈能有法故，数名有法。又自性亦名所别、差别亦名能别者，彼此所诤不由先陈，诤之所兴由先陈上有后所说。谓以后说分别先陈，不以先陈分别后说，故先陈自性名为所别，后说差别不为能别。然若以前后为自性差别者，如数论立，我为思。此中我为义，思为体，以我无我分别思故，岂非义为自我、体为差别耶？我具轨持二法而名有法、思唯能持而名为法耶？良以因明不同他论，此中但以局守自体名自性，义贯于他即名差别。前陈唯局，后说贯他。以后法解前，不以前解后。故前陈名自性，后陈名差别。前陈有法彼此无违，非所诤竞，唯持自体，但名有法；此上别义两家，乖竞之义，彼此相违，可生轨解，名之为法。若谈其实理，先陈后说皆具二义。依其增胜，前陈名有法，后说名法。又如人言，青色莲华，但言青色，不言莲华，不知何青，为衣为树为瓶等青；唯言莲华，不言青色，不知何华，为赤为白为黄等华。今言青者简非赤等，言莲者简非衣等；先陈后说，更互有简，互为所别，互为能别；然约增胜以得其名。前陈非所乖诤，举后方诤。能立立于后，不立于前故，起智了不由前故。由此但是先陈皆名自性、有法、所别，但是后说皆名差别、法及能别。差互举名云有法能别者，互举一名相影发故，欲令文约而义繁故。此二宗依告言极成，为简似中不成。谓须主宾俱许，是故其中有自、他及俱、成、不成等四句。如立声为有法，若大乘说他方佛声者，此即自成他不成。何以故？小乘不许他方故。若以随小乘说释迦菩萨实恶骂等不善性声者，此即他成自不成也。若以此方共许之声为有法者，此则自他俱极成也。若以石女儿声为有法者，此即自他俱不成也。如是偏句全句各有四句，表列如下：

	全句		偏句	
自两俱不成非他	自所别不成俱能别 自所别不成俱能别	自能别不成俱所别 自能别不成他所别	自能别不成自能别一分不成	自所别不成自所别一分不成
他两俱不成非自	他所别不成自能别 他所别不成俱能别	他能别不成自所别 他能别不成俱所别	他能别不成他能别一分不成	他所别不成他所别一分不成

	全句		偏句	
俱两俱不成	俱所别不成自能别 俱所别不成俱能别	俱能别不成自所别 俱能别不成俱所别	俱能别不成俱能别一分不成	俱所别不成俱所别一分不成
俱两俱成	俱所别不成他能别 俱所别成俱能别	俱能别不成他所别 俱能别成俱所别	俱能别成俱能别一分成	俱所别成俱所别一分成

第一第二栏中皆前三是过，第四非过，然两一分中兼过非过。第四栏即第三栏，无别异故。虽有四种四句，体唯有二。第五栏中前三为似，第四为真。复次，第一栏中过即所别不成，第二栏中过即能别不成，第三、四栏中过即随一不成，第五栏中过即两俱不成，至后似宗中当广分别解释。今言极成，即是简去彼不成过故。二宗依皆须极成，然既言主宾共许，何以不言共成而言极成耶？盖以自性差别乃是诸法至极成就之本理，由彼不悟，立言示之。若言共成，容许主宾偏见，非显极成。又明之法，本立自宗而非破他，为自比量。是为能立能破之中立他比量，正显其过；若言共成，应无有此，故言极成而不言共。

第二，明宗体中言差别性故者，谓以一切有法及法互相差别。性者，体也，此取二中互相差别不相离性以为宗体。如言色蕴无我。色蕴者，有法也；无我者，法也。此之二种，若体若义，互相差别。谓以色蕴简别无我，色蕴无我，非受无我；及以无我简别色蕴，无我色蕴，非我色蕴。以此二种互相差别，合之一处，不相离性方是其宗。即简先古诸因明师但说有法为宗，以法成有法故；或但说法为宗，有法上法是所诤故；或以有法及法为宗，彼别非宗，合此二种宗所成故。然此三说之中，法及有法，皆先共许，何得成宗？所许不许乃在二种互相差别不相离性，是故唯应取彼互相差别不相离性以为宗体。今时复有人释言，不相离性，要藉文字以表示，如言色蕴是无我，以为是字是宗体。此亦不然，是字但示不相离性，不示互相差别故，是故要以色蕴是无我具足方为互相差别不相离性。然此句唐时有二本，大庄严寺文轨法师疏本作差别为性，大慈恩寺窥基法师疏本作差别性故。二家释义则同，立言有异，而窥基疏中探斥轨师违因明之轨辙，暗唐梵之方言。考之因明，为故二声，同为第四啭声，名所为声，亦名所与声，梵云 Sainpradana（Dalive）则是梵本原是一般，容译场中先后斟酌，或有改易。不然，轨师本亲禀承玄奘三藏译论，不应擅易论文，若以义详，故字为顺。

第三，简滥之失，言随自乐为所成立性者，此有两层。初言随自，简别于宗；次言乐为所成立性，简别因喻。凡宗有四：一遍所许宗，如眼见色，彼此两宗共许故。二先业禀宗，如佛弟子习诸法空，鸺鹠弟子立有实我。三傍凭义宗，如立声无常，傍显无我。四不顾论宗，随立者情所乐便立，如佛弟子立佛法义，或若善外宗，乐之便立，不须定顾。此中前三，不可建立。初遍许宗，若许立者，便立已成，先来共许，何须建立？次承禀者，若有二人共禀数论对诤本宗，此则无果，立已成故。次傍显宗，既是法差别相违因过，况本立宗言，望他解起，傍显义则非为本成，故亦不可立为正论。今简前三皆不可立，唯有第四不顾论宗，可立为宗，是随立者自意所乐故。次言所成立性者，为简能成立者。能成立者即是因喻。因喻成立自义，而不名宗者，以因喻旧已成故，非新所立，虽乐因喻而非所立，但名能立，故不名宗。窥基大师释此有二，一依《理门论》如上解，唯简于真，不简于似。更有一解云，乐为二字简似宗等，以似宗等非所乐故。然因喻不得名宗，则似因似喻亦皆非宗。既标似名，即应有过；亦是以释宗相中唯应明真，不简于似。

第四，结成指法者，恐义不明，指此令解。声是有法，无常是能别，彼此共许有声及无常，名极成有法、极成能别，为宗所依。彼声论师不许声上有此无常，今佛弟子合之一处，互相差别不相离性，云声无常，声论不许，而今随自亦是乐为所成立性，故名曰宗也。

广示因相章第四

因有三相。何等为三？谓遍是宗法性，同品定有性，异品遍无性。云何名为同品异品？同品者，谓所立法均等义品，说名同品。如立无常，瓶等无常，是名同品。异品者，谓于是处无其所立。若有是常，见非所作，如虚空等。此中所作性，或勤勇无间所发性，遍是宗法，于同品定有，于异品遍无，是无常等因。

第一，总纲。所谓因者，所由义，释所立宗义之所由也。文所以义，由此所以则所立义成。又建立义，此因能建立彼所立宗故。又顺益义，由立此因随顺利益于宗义，令宗义得立故。引喻虽亦建成于宗，亦能顺益，然但就见边，非是正释宗之所以，故不名因。因有生了二种，各有智言义三，已如前解题中释。此中智了因者，为生因之果；智生因者，为生因之因。智了因不得为生因因，智生因亦非了因果，何以故？先承禀宗不可建立故。言义二生因，为智生因之果，亦为智了因之因。言义二了因，为智了因之因，而非智了因之果；为智生因之果，而非智生因之因。就了因言,则言为了因,义为了果;就生因言,则义为能生因,言为所生果。是故有四句分别:有唯生因而非了因,谓智生因;有是了因而非生因,谓智了因;有是生因亦是了因,谓言及义;有非生因亦非了因,谓所立宗。是故此中有四层分别:初,因但有一而体分生了者,智境疏宽,照顾名了;言果亲狭,令起名生。果既有差,故因分生了。同能得果,故但总名因。二,两因各分三种者,生果照果,义用不同,随类有能,故分三种。智生隔于言义,不得相从名了;智了不生立解,无由可得名生,故但分三,不增不减。三,六因之中体唯有四者,顺果义别,分成六因。立者义言,望果二用,除此无体,故唯有四。四,因中独开三相,宗喻不开者,别名字喻,通即称因。是故因宽,字喻性狭。如贯花缕,贯二门故。由此开因,不开宗喻。所谓相者,向也。宗同异喻各有一体,因相贯三,更无别体。由此故说相者向义,此中正取言生智了,兼及义生,各有三相。言生正能立故,此生智了,照解宗故,所诠之义能建宗故。以其相义多,能诠之言唯一,于三相中致一因言。一因所依贯之别处,是故说多言名为能立。以多相之言名为多言,非言多故名为多言。复次古师解云,相者体也,初相同此,余二名以同异喻中有法为性。陈那不许,同异有法非能立故,但取彼义,故相非体。

第二,释初相言。遍是宗法性者,谓显因之体以成宗故,必须遍是宗之性。据所立宗,要极成法及有法不相离性。此中宗言,唯诠有法,有法之上所有别义名之为法。此法有二:一者不共许,宗中法是;二者共许,即因体是。此中宗法,唯取立论者及对论者决定同许。今此唯依智了因故,虽依智了,由有言生,令彼忆念本极成故,即是以因体共许之法,成宗之中不共许法,故此二法，皆是有法之上别义故。今唯以有法名宗所立，虽取二依不相离性以为宗体，然有法为二法总主，总宗一分，故亦名宗。若以宗中后陈名为法者，则亦有宗声，唯诠于法，如言烧衣，则宗是法，是持业释。若言烧衣，总宗之法，亦依主释，具二得名，今因名法，宗之法性，唯依主释。所谓性者，唯取义性，非是体性，义相应故，余二相亦然。是故因明之理，有此四例：第一，此共许因唯得遍是有法宗性，不遍是法宗之性，以所成在法，不欲成宗之有法故。若尔者，犯两俱不成过者。第二，有法不得成于有法，有法亦不成于法。若尔者，犯所依不成过。如言山处决定有火，以有烟故，岂非以有法成有法耶？又如言炉中定热，以火故。热是火之法，岂非以有法成于法耶？陈那释云，此中非以成立火触为宗，但为成立此相应物。非以有法烟还成有法火，亦不以有法火而成热触法也。若不尔者，依烟立火，依火立触，应成宗义一分为因，还以宗中一分有法而为因故，便为不可，故因乃有所依不成，无所依故。第三，亦不以法成立有法，宗中所陈，后能别前，名为能别，亦名为法。因成于此，不欲以因成前所陈，是所别故，非别后故。良以梵文于立宗中观所成故，立法有法，前陈后陈，于所成中，义有差别，是故前陈得名有法，后陈皆名法，非法有法性决定故。若以中文观之，则前陈后陈有法及法有杂乱过，应细审思。第四，唯因法故成其宗，如是有法得成，谓有法及因法二俱极成。宗中之法，敌先不许，但得共许因在宗中有法之上，成不共许宗中之法，如是资益有法义成。若谓因在不共许法中，则何所成，且有随一所依不成过。如立宗言，声是无常，所作性故。无常灭义，所作生义。声有灭者，以有生故，一切生者皆有灭故。声既因生，明有果灭。若因所作非遍声宗，而过在无常上者，则是两俱不成。无常之上本无生故，故知因是有法之法，非法法也。所言遍者，为显皆因立故。若因不遍宗，有法上所不遍者，便非因成。有所不立，因于宗过，即有四不成等。所言宗法者，为显此因是宗有法之因，能成宗法故。是故有三句分别，有是宗法而非遍，有非遍亦非宗法，有是遍亦是宗法。此中阙无是遍而非宗法句，何以故？但遍有法，若有别体，若无别体，必能成宗，义相关故。然唐时此义颇有争执，或立四句，如言山谷有火，以视烟故，此烟是遍而非宗法也。如玄应、定宾、文轨诸师皆宗此说，窥基及璧公等皆主前说。如萨婆多部云，命根实，以有业故，其意以命根为别有非色非心之体，由过去之业而生，因而一期之间，持暖与识，名曰命根，此命根与业互为别体，然义相关带，故得设为宗之法性。大乘论者，说业性空，但是色心相续不断，假名命根，非有别体也。今依窥师三句之中，后句是正因相，前二句并皆是过。初名一分过，次名全分过。据自他有体无体分别，初过有十二种，次过有十五种，详后似因中释，兹先表列于下：

两俱不成	两俱有体一分过	两俱有体全分过
	两俱无体一分过	两俱无体全分过
随一不成	自有体一分过	自有体全分过
	他有体一分过	他有体全分过
	自无体一分过	自无体全分过
	他无体一分过	他无体全分过
犹豫不成	两俱一分过	两俱全分过
	自一分过	自全分过
	他一分过	他全分过

所依不成	两俱有体一分过	两俱有体全分过
	自有体一分过	自有体全分过
	他有体一分过	他有体全分过
		两俱无体全分过
		自无体全分过
		他无体全分过

第三，释次相者，同是相似义，品是体类义，相似体类，名为同品。所谓体类者，由一切义皆名为品。今唯取因正所成法。若言，所显法之自相，若非言显意之所许，但是两宗所诤义法，皆名所立。凡有此所立法处，该名同品。是故品者是体类义，若唯言陈所诤法之自相，名为所立，有此法处名同品者，使无有因中四相违过。若全同有法上所有一切义者，便无同品，亦无异品。宗有相符极成过，亦非一切义，皆相违故。但取有其所立，名曰同品。同品有二：一宗同品，如下文云，谓所立法均等义品是名同品。二因同品，如下文云，若于是处显因同品决定有性。然据论文，宗之同品名曰同品，宗相似故，因所在故，欲显其因贯宗喻故。因之同品名曰同法，宗之法故，随于因故，显有因处所立随故。唐时释此同者有四家不同：一文轨师云，除宗以外一切有法俱名义品，若彼义品与宗所立法，均平齐等，名曰同品；二璧公云，除宗以外一切差别名为义品，若彼义品与宗所立均等相似，名曰同品；三有解云，除宗以外，有法能别与宗所立均等义品双名同品；四窥基云，除宗以外法与有法不相离性为宗同品。后解为正，以陈那正取法及有法不相离义为宗性故。窥师破前二解云，若同有法，全不相似，如立声为无常，声为有法，瓶为喻故。若法为同，敌不许法于有法有，亦非因相遍宗法中，何得取法而以为

同？今此中义不别取二，总取一切有宗法处名宗同品。有此宗处决定有因，名因同品。然实同品正取因同，因贯宗喻，体性宽遍，有共许因法之处，不共许法定必随故，不欲以宗成同义故。是故一切有宗法处其因定有非正同品，其因于彼同品决定有有性，故言同品定有性。因既决定有，显宗法必随故。然声上所作性与瓶上所作性别，如何声宗之上别因于瓶等中别处而转（转者起义，谓依物之因缘而生起，其生起即物之转变也）。而言遍是宗法，同品定有者，谓由声瓶上共所作性相似，而有总合相说；不说声瓶二异名中声所作性，即喻中瓶所作性，谓彼即此，故无有失。若尔者何，瓶所作性说名宗法。谓此总因之中但说定遍是宗法，不说唯是宗法，故一总言贯通宗喻。宗非宗上悉皆得有，若别异说，唯声所作唯宗法性，别不容有举喻成宗，唯瓶所作亦不得成是宗法性。复次，若如此者，同品应亦名宗，二中作性总贯称因，二上无常应皆是宗。夫立宗者，必须主宾宗喻之上，两俱无异，方成比量，故能立义通，所立义局，理不相似，是故同品非宗。复次此因于宗异品皆说遍字，于同显上独说定言者，因本成宗，不遍成则非立，不成过生，异喻止滥，不遍止则非遮，不定过起。同喻本顺成宗，宗成即名同喻。但欲以因成宗，因有宗必随逐，不欲以宗成因，有宗因不定有，故虽宗同品，不须因遍宗法。于同异品有九句分别如下：

真似	同异有无	宗	因	同	异	学派
共不定	同有异有	声常	所量性故	空	瓶	声论

真似	同异有无	宗	因	同	异	学派
○正因	同有异非有	声无常	所作性故	瓶	空	胜论
异品一分转同品遍转	同有异有非有	声勤勇无间所发	无常性故	瓶	电空	胜论
法自相相违	同非有异非有	声常（恒）	所作性故	空	瓶	声论
不共不定	同非有异非有	声常（住）	所闻性故	空	瓶	声论
法自相相违	同非有异有非有	声常（坚牢）	勤勇无间所发性故	空	电瓶	声论
同品一分转异品遍转	同有非有异有	声非勤勇无间所发	无常性故	电空	瓶	声论
○正因	同有非有异非有	内声无常	勤勇无间所发性故	电瓶	空	胜论
俱品一分转	同有非有异有非有声常	（不变）	无质碍故	极微空	瓶乐	声论

九句之中，第二第八是正因，第三句中少分正因，余皆是过。复次，言定有性，更言同品者，此有四句分别如下：

前九句分别	一	二	三	四	五	六	七	八	九
同品非定有				○	○	○			
定有非同品	○		○				○		○
定有亦同品	○		○					○	
非定有亦非同品				○					
（异品遍无）									

为简过句，显自无过，故说同品定有性也。

第四，释后相者，异者别义，所立无处，即名别异。品者聚类，非体义，许无体故。不同同品体类解品，随体有无，但与所立别异聚类，即名异品。古因明云，与其同品相违或异，说名异品。如立善宗，不善违异，故名相违。苦乐明暗冷热大小无常等，一切皆要别有体，违害于宗，方名异品。或说与前所立有异，名为异品。如立无常，除无常外，自余一切苦无我等义皆名异品。陈那以后皆不许然。如无常宗，无常无处即名异名，不同先古。若依旧说要相违法名为异品者，则是唯以简别，不是返遮宗因二有。若许尔者，则一切法应有三品。如立善宗，不善违害，无记之法无简别故，便成第三品，非善非不善故。此望善宗，非相违害，岂非第三？由此应知无所立处即名异品。不善无记既无所立皆名异品，便无彼过。若说言与宗异即名异品者，则应无有决定正因。如立声无常，声上无我苦空等义皆名异品，所作性因于异既有，何名定因？谓随所立一切宗法傍意所许亦因所成，此傍意许既名异品，因亦能成，故一切量皆无正因。故知但是无所立处即名异品。此亦有二：一宗异品，如论文云，异品者，谓于是处无其所立；二因异品，如下论云，异法者，若于是处说所立无，因遍非有。宗之异品名为异品，宗类异故。因之异品名为异法，宗法异故。因之无处说宗异品，欲显其因随宗无故；宗之无处说因异品，显因无处宗必先无。且宗异品何者名异，若异有法，同法所依有法必别，亦应名异。若异于法，敌本不许所立之法于有法有，一切异法皆应名同。此异品者，不别取二，总取一切无宗法处名宗异品。无此宗处，定遍无因，名因异品。虽然异品，亦取因异，显宗无处因定随无，翻显有因宗定随转。然于离法先宗后因，为显能立本欲成宗，于异品无其宗便立，故正宗异，后方因异。其因于彼宗异品处决定遍无，故言异品遍无性也。既言遍无，复言异品者，为简过故。此亦有四句分别如下：

以上九○分别	一	二	三	四	五	六	七	八	九
异品非遍无	○		○	○		○	○		○
遍无非异品				○	○	○			
异品亦遍无					○				
非异品非遍无	○		○				○		○

第五，总释三相者，三相之中，初相云法性，同异云品者。宗但有一，所立狭故喻为能立，宽故名品。以因成宗，非成二品，故名法性。能立之中，要具三相，唯异体依虽阙而许正。同法本成宗义，无依不顺成宗；异法本止滥非，滥止便成宗义。故同必须依体，异法无依亦成，故异体无亦具三相。是故阙过之中有二种，一无体阙，二有体阙。无体阙者，谓不陈言，因同异喻，三支之中随应有阙。非在三相，有阙皆过，不阙不定。但名阙过，非余过摄。有体阙者，此复二种：一以因三相而为能立，少相名阙，但是因过，随应有不成不定及相违过；二以因一喻二言为能立，义少名阙，阙者皆过，不阙非过，随应各有因不成，同喻不成，异喻不遣等过。古来释三种阙中各有三种四句，初一，次二，三俱，四非，如下：

无体			少相			义少		
因	同	异	初相	二相	三相	因	同	异
	○	○		○	○		○	○
○			○			○		

无体			少相			义少		
○	○	○	○	○	○	○	○	○
○		○			○	○		○
	○		○	○			○	
○	○	○	○	○	○	○	○	○
○	○		○	○		○	○	
	○			○			○	
○	○	○	○	○	○	○	○	○

其中俱非二句互重，克实而论，各惟有八，亦名一种两句，谓阙二有三，阙二有三也。

	○	○		○	○		○	○
○			○		○	○		
○		○		○	○			○
		○			○			○
	○				○		○	
○			○			○		
○	○	○	○	○	○	○	○	○

其中初七为过，第八非过。陈那、贤爱复除第七，故唯六句，如前第一章中已释。若细分别，更有多种，谓初相中有宗法及遍凡有三句，第二相中有同品及定有凡四句，第三相中有异及遍无凡四句，如前已述。如是相对凡有四十种四句如下：

初相第一句对第二相四句，有四种四句（初正阙，次倒阙，三俱阙，四俱非，为四句）。

初相第一对第三相四，有四种四句。

初相第二句对第二相四句，有四种四句。

初相第二句对第三相四句，有四种四句。

初相第三句对第二相四句，有四种四句。

初相第三句对第三相四句，有四种四句。

第二相第一句对第三相四句，有四种四句。

第二相第二句对第三相四句，有四种四句。

第二相第三句对第三相四句，有四种四句。

第二相第四句对第三相四句，有四种四句。

共有四十种四句，如是过中凡有三类，初名各对，即前释三相所列各对自法。初相有三，后二各四，二名互随，即前有体无体中三种四句或一种两句，三名各对互随无，即今所举四十种四句，是名略释宗法三相。

第六，释问答中，同品异品各各有二，曰宗同异与因同异。为防滥故，遂别征答。答同品中言所立法者，所立谓宗，法谓能别，均谓齐均，等谓相似，义谓义理，品谓种类，有无法处。是中意说，宗之同品，谓若一物有与所立总宗法中齐等相似义理体类，说名同品。所立宗者，谓因之所立自性差别不相离性。同品亦尔，有此所立中法互差别聚不相离性相似种类，即是同品。若与所立总宗相似一切种类之聚名同品者，宗上意许所有别法皆入总宗，且如异品，虚空上无我，与声意许无我相似，应名同品。若与所立有法相似种类之聚名同品者，即一切法无有同品。如声有法，瓶非同故，为遮此二，标所立法而简别之。若聚有于宾主所诤因所立法聚相似种类即名同品。如声上无我等义，非因所立，彼若不许

广示因相章第四

声有法上有，亦成异品，宗因无故。若彼许有，为因所成，随意所诤，亦名同品，故有有法差别相违。更别举例，如立宗中陈无常法聚名为宗，瓶等之上亦有无常，故瓶等聚名为同品。此中但取因所成法名为同品，《瑜伽论》中有五相似，如前已引。今所举例即法门相似。释异品中，处谓处所，即除宗外余一切法，体通有无。若立有宗，同品必有体，所以前言均等义品，异品通无体，故言是处，所立谓宗不相离性，谓若诸法处无因之所立，即名异品。非别无彼言陈之法或有法故名为异品。举例中云，见非所作者，兼释遍无，同品中不兼释定有者，文略影彰，故不具言。复次，如立无常，龟毛无彼常住之相，亦知无常，于一切时性常无故，亦得名常，然不别立非同异品者，声言无常性是灭义，所作性者体是生义，龟毛非灭亦非有生，既无所立，即入异品。故喻唯二，更无双非，释同异品竟。

次举二因以成三相，兼明宗法。举二因者，前九句分别中所作因是彼第二因，勤勇因是彼第八因，此二是正因，故所作性因成无常宗，三相俱遍；勤勇因成同定余遍，为明同定不须三遍，故举二因。所作性者，因缘所作，彰所生义；勤勇无间所发性者，勤勇谓策发，善即精进，染谓懈怠，无记即欲解，或是作意，或是寻伺，或思慧，由此等故，击脐轮等风，乃至展转击咽喉唇舌等勇锐无间之所发显，此二因具三相故，是为正因。言无常等者，言随其所应，等取空无我等，非谓一切。谓此二因，不但能成宗无常法，亦能成立空无我等。然非取一切，若所作因亦能成立言所陈若等，及无常等意所许苦等一切法者，此因便有不定过。如立量云，声亦是苦，所作性故，此中瓶为同品，无漏道谛而为异品，为如瓶等所作性故，体是其苦；为如自宗道谛等法所作性故，体非是苦，因于同品一分上转。故此等者，谓随所应，《瑜伽论》中释同异类言少分相似及不相似，不言一切，如前已引。若言一切相似便无异品，是故因狭能成立狭法，亦能成立宽法。同品之上，因不须遍，于异品中，定遍无故。因宽能成宽法，必不能定成狭法，于异品不定过生故。

广示喻因章第五

喻有二种：一者同法，二者异法。同法者，若于是处，显因同品决定有性，谓若所作，见彼无常，譬如瓶等。异法者，若于是处，说所立无，因遍非有，谓若是常，见非所作，如虚空等。此中常言表非无常，非所作言表无所作，如有非有，说名非有。

释喻相中，第一，释名。喻者，梵云 Drat ntah，达利瑟致案多，达利瑟致云见，案多云边，由此比况，令宗成立，究竟名边；他智解起，照此宗极名之为见。顺此方言名之为喻。喻者，譬也，况也，晓也，由此譬况，晓明所宗，故名为喻。前虽举因，亦晓宗义，未举譬况；令极明了，今由比况，宗义明极，故离因立，独得喻名。同者相似，法谓差别，共许自性名为有法，此上差别所立名法。今与彼所立差别相似名同法。无彼差别名为异法，异者别也。宗因同异有名品复名法者，此有三解：一，宗因俱同或俱异名法；别同异于宗，或别同异于因，名品。新罗晓公等宗之。二，因非所立，不得名品，宗总所立，遂与品名，能所异故。三，总宗不相离性种类名品，同异于此，名同异品。若不同异于总宗，亦不同异于宗有法，但同异于有法之上所辨因义者，名之为法。是故多法类聚名品，总宗体非一故；一法名法，因体是一故。窥基正宗此说。

第二，释同法中，处谓处所，即是一切除宗以外有无法处。显者，说也。若有无法说与前陈因相似品，便决定有宗法。此有无处即名同法。因者即是有法之上共许之法，若处有此名因同品。所立之法是有法上不共许法，若处有共因，决定有此不共许法名定有性，以共许法成不共故。除宗以外有无聚中有此共许不共许法，即是同故，以法同故，能所同故，二合同故。此中正取因之同品，由有此故宗法必随。故亦兼取宗之同品，合名同法。言因同品，复言决定有性者，此有四句分别如下：

九句例	一	二	三	四	五	六	七	八	九	
同品非定有	○		○	○		○	○		○	相违不定异喻能立不遣
定有非同品				○	○	○				相违不定同喻能立不成
非定有非同品		○			○			○		正因不定同喻俱不成
亦定有亦同品	○	○	○				○	○	○	正因不定异喻一分全分能立不遣

为显正遮过故，必须双言决定有性（前释因第二项中，就宗同异立表，今就因同异立表，故二者适相反）。次举例以朋，言若所作者，即总显因之同品，是彼无常，即显彼决定有性。犹如

诸有生处，决定有灭，母牛去处，犊子必随，因有之处，宗必随逐，此为合也。若有所作，其主宾等见彼无常，如瓶等者，举其喻依有法以为结也。前宗以声为有法，无常所作为法，今喻以瓶等为有法，所作无常为法，正以所作无常为喻，兼举瓶等喻依，合方具矣。等者，等取盆罋等。古因明师不同此说，但言声无常宗，所作性因，同喻如瓶，异喻如空，不举诸所作者皆无常等贯于二处，以瓶为同喻体，空为异喻体，故因非喻。陈那以后，说因三相即摄二喻。二喻即因，俱显宗故，所作性贯二处故。古师难处，若喻亦是因所摄者，喻言应非因外异分，显因义故，应唯二宽，何须二喻。陈那释云，喻体实是因尔，不应别说。然立因言，正唯显宗法性，是宗之因，非正为显同有异无顺返成所立宗义，故于因外别说二喻，显因有处，宗必随逐，并返成故，令宗义成。若唯因言所诠表义名之为因，别说喻分者，斯则二喻与正因义都不相应，不极成义，有过失故。如言瓶体空体为喻，但应以瓶类于所立无常之义。既喻不言诸所作者皆是无常，举瓶证声，无有功能，其喻便非能立之义。由彼举因但说所作性，举瓶类声同无常，不说能立诸所作者及与所立皆是无常，故无功能，非能立义。又若以瓶即为喻体，瓶即四尘，可烧可见，声亦应尔。若说所作性者，皆是无常，譬如瓶等，所作既为宗正同法，无常随之亦决定转，举瓶喻依以显其事，便无一切皆相类失。又因喻别，喻上但明所立有无，则终不能显所作性因与所立无常不相离性，是故非能立义。此复余譬所成立故，应成无穷。如言如瓶，他若有问，瓶复如何无常，复言如灯，如是展转应成无穷，是非能立。今若喻言诸所作者皆是无常，譬如瓶等，既以宗法宗义相类，总遍一切瓶灯等尽，不须更问，故非无穷，成能立义。复次，若唯宗法是因性者，其不定过应亦成因，但有遍宗法，无后二相故。如前九句例中第三第九句过，若别简别，喻即是因，便无彼失，简彼三九非正因故，要异遍无，是正因故。是故定因三相，显了于宗，二喻即因。虽俱是因，显了宗义，于三相中，遍宗法性且说为因，余二名喻，据胜偏明故。且因虽总说，宗义未明，指事明前，同喻再申，非为重叠。古师合云，瓶有所作性，瓶是无常，声有所作性，声亦无常，合云，是故得知声是无常。今陈那云，诸所作者皆是无常，譬如瓶等，显略除繁，喻宗双贯，显义已周，无有重复。

第三，释异法中，处谓处所。除宗已外，有无法处，谓若有体若无体法，但说无前所立之宗，前能立因亦遍非有，即名异品，以法异故，二俱异故。有解正取因之异品，由无此故，宗必随无，然实兼取无宗名异，合名异法。若偏取因异者，声无常宗，以电、瓶等而为同宗，勤勇之因，于电非有，应成异品。由此应知，同成宗故，因为正同，宗为助同。异品离故，宗为正异，因为助异，偏取非异。言所立无因遍非有者，宗不成因，不言遍无，因成宗故，言遍非有。因不遍无，便成不定相违诸过。宗之所立，其法极宽，如声无我，空等亦有，若异都无，便无异品，如空等言岂非虚设，故知但无随应少分因之所立，即是异宗，非谓一切皆遍非有。复次说所立无，复说因遍无者，此有四句分别。

九句例	一	二	三	四	五	六	七	八	九	
所立无非因遍无	○		○			○	○		○	能立不遣
因遍无非所立无			○	○	○					能立不成
非所立无非因遍无	○	○	○				○	○	○	俱不遣
所立无亦因遍无		○			○			○		或俱不成

广示喻因章第五

为遮过故，必须双说。次举例以明，如无常宗，是常为异，所作性因，非作为异，返显义言，于常品中，既见非作，明所作者定见无常。于同法中先因后宗，为成宗故；异法离前，故宗先因后。若异离中因先宗后，如言非作定是常住，则是翻成空常住义，非是离前成于无常之宗义也。旧已定宗，今何须立。是故同法能成，先因后宗，异既离前，随宗先后，意欲翻显前成立义。今者宗无因既不转，明因有处，宗必定随。异但说离，离成即得，必先宗无后因无也。言如空等者，此举喻依，以彰喻体，标其所依有法，显能依之法非有。等者，等取随所应宗涅槃等法。言此中常言表非无常，非所作言表无所作者，为异法无体，亦成三相。正因所摄。夫因明之法，若以无为宗，无体因为能立，有体非能成。何以故？因无所依故。喻无所立，名为异法，异于无有无故异。若以有为宗，有为能成，顺成有故；无非能立，因无依故。异喻中有无并异，皆止滥故。如论云和合非实，许六句中随一摄故，如前五句。前破五句，体非实有，故以为喻，此中以无而成无故，应以有法而为异品，无其体故，还以无法而为异云。诸是实者，非六句摄，无其体故。又如无常之宗，既是有体，所作瓶等，有为能立，故于异品，若萨婆多立有体空为异，若经部等立以无体空为异，但止宗因诸滥尽故，不要异喻必有所依。同喻能立，成有必有，成无必无，表诠遮诠二种皆得。异喻不尔，有体无体一向皆遮，性止滥故。故常言者，遮非无常宗。非所作言，表非所作因。不要常非作，别诠二有体，意显异喻通无体故。复次古师云，声无常宗，异喻如空。陈那难言，于无常异品，应言谓若是常见非所作，如虚空等。正以常为异品，兼非所伤，空为喻依，要此简别，显异品无。反显有所作因，无常宗必随逐。若但云如空者，则于异品不显无宗及无因性而有简别。又古师复云，但显宗因常及非作同在虚空上，故说此虚空为异喻体。陈那难云，异品不言若是常宗无处，见非所作因不有性，以离宗、因，以反显有因、宗必定有者，如是异喻决定无能。言如有非有，说名非有者，此指为例，胜论师说六句义，一实，二德，三业，四有，五同异，六和合。合言有者，即第四句有也。非有者，即余五句及五句外所不摄法，谓龟毛兔角等，说名非有。此对有之非有，以遮有句，故说非有。非有名下不必即有非有体性，欲显同喻成有体宗，可如表五，异喻止滥，可如遮有。同喻成立有无二法，有成于有，可许诠也，无成于无，即可遮也。异喻必遮，故言此遮非有所表。复次，若就《正理》譬喻言词，为要具二方成能立，由是具足显示所立不离其因，以具显示同品定有，异品遍无，能正对治相违不定二种过故。相违之因同无异有，不定二因二有二无，故说二喻具以除二过。若于二喻有已解同，应但说异；有已解异，应但说同，不具说二亦成能立。若二喻之义皆已解者，闻此宗因即同许者，同异二喻俱不须说。是故二俱不说或随说一，或俱说二，随时对机，一切皆得。

总结简异章第六

已说宗等如是多言，开悟他时，说名能立。如说声无常，是立宗言。所作性故者，是宗法言。若是所作，见彼无常，如瓶等者，是随同品言。若是其常，见非所作，如虚空者，是远离言。唯此三分，说名能立。

世亲以前，宗亦能立，故言宗等。宗因喻三，名为多言，立者以此多言开悟对论之时，说名能立。陈那以后，举宗能等，取其所等一因二喻名为能立。宗是能立之所立具，故于能立总结明之。立宗言者，此是所谓立宗之言。宗法言者，是宗之法能立因言。由是宗法故能成前宗，名为因也。言所作性故者，故字前无有显，今立因法，必须言故，不尔便非标宗所以，前略指法，由此略无。又前举二因，为显同品定有，余二言遍，三相异故，别显二因。今略结指，故唯牒一。随同品言者，是宗随因同品之言。如虽所作因举声上有以显无常，无常犹未随所作因，所作因通声瓶两处名因同品。今举瓶上所作故无常，显声无常亦随因同品义决定故。又同品者，是宗同品，昔虽举因，宗犹未随自瓶同品无常义定。今显有因，宗法必有，如瓶等故。其所立声，定随同品无常义立。是故两家共许所作因同，故因正同品。立者所立本立无常，故举于瓶为宗同品，亦无过也。远离言者，若是其常，离所立宗，见非所作，离能立因。如虚空者，指异喻依。此止于前宗因二滥，名远离言。远宗离因，或通远离，或体疏名远，义乖名离，与所能立，体相疏远，义理乖绝，故名远离。别离宗因，合则离喻，故不别说。然同成宗，故必须体；今以止非，不须异性，但名异喻。不名异宗因者，喻合两法，宗因各一，说异喻以总包，言异二而为失。若言异宗异因，谓更别成他义，非是离前，返成能立，故总名异喻，合异宗因，不别说异宗异因之号。言唯此三分说名能立者。

比量有二，一自、二他。自比处在弟子之位，此复有二：一相比量，如见火相烟，知下有火。二言比量，闻师所说，比度而知。于此二量自生决定。他比处在师主之位，与弟子等，作其比量，悕他解生，此亦相言二比。为于所比，显宗法性，故说因言。为显于此不相离性，故说喻言。为显所比，故说宗言，故因三相，宗之法性，与所立宗，说为相应。除此更无其喻支分，故言唯此。诸外道等更立审察支，宾主皆于未立论前，先生审察，问定宗徒，以为方便言申宗致。陈那破云，由汝父母，生汝身故，方能立论。又由论者语具床座等，方得立论，皆应名能立。立者智生，望他宗智，皆疏远故，尚非能立，况余法耶？古师所立八四三等为能立支，皆非亲胜，所以不说。其合结支，离因喻无，故不别立，性殊胜故。于喻过中，无合倒合，过为增胜，故名似立，至下当释。

广解似宗章第七

虽乐成立，由与现量等相违，故名似立宗。谓现量相违，比量相违，自教相违，世间相违，自语相违，能别不极成，所别不极成，俱不极成，相符极成。此中现量相违者，如说声非所闻。比量相违者，如说瓶等是常。自教相违者，如胜论师立声为常。世间相违者，如说怀兔，非月有故；又如说言，人顶骨净，众生分故，犹如螺贝。自语相违者，如言我母是其石女。能别不极成者，如佛弟子对数论师立声灭坏。所别不极成者，如数论师对佛弟子说我是思。俱不极成者，如胜论师对佛弟子立我以为和合因缘。相符极成者，如说声是所闻。如是多言是违诸法自相门故，不容成故，立无果故，名似立宗过。

释似宗中，第一，总标，言虽乐者，乐有二种：一当时乐，二后时乐。当时乐者，谓前言疏自乐为所成立性，此为德也；当时立故，无诸过故。后时乐者，若与现量等相违，他若破已，得见真宗，故为后时之乐，此为失也，后时立故，有诸过故。是故乐兼德失，失故名似立宗。九似之中，初五陈那所立，后四天主所加。初五明乖法，次三明非有，后一明虚功。乖法之中，自教自语，唯违自而为失。余三违自共而为过，又现比违立对之智，自教违所依凭。世间依胜义而无违，依世俗而有犯，据世间之义，立违世间之理智。自语立论之法，有义有体，体据义释，立对共同，后不顺前，义不符体。标宗既已乖角，能立何所顺成，故此五皆显乖法。次三显非有者，宗非两许，依必共成，依若不成，宗依何立，故依非有，宗义不成。末一显虚功者，对敌诤宗，本由理返，立宗顺敌，虚弃己功，故亦为过也。

第二，例释中，现量体者，立敌亲证法自相智，以智所缘境相及有法，立以成宗，必符智境，立宗已乖正智，何得令智会真。如再为现体，彼此极成，声为现得，本来共许，无论何宗，若言声非所闻，便违立敌证智，故曰现量相违。此有全分一分两种四句，如下：

违自现非他	胜论云，同异大有，非五根得（彼宗自许现量得故，此亦违教、相符过）。
违他现非自	佛弟子对胜论云，觉乐欲嗔，非我现境（彼宗说为我现得故）。
违共现	声非所闻。
俱不违	声是无常。
违自一分现非他	胜论云，一切四大，非眼根境（彼说风大及诸极微，非眼根得，三粗可得）。
违他一分现非自	佛弟子对胜论说地水火三，非眼所见（彼说粗三眼见，极微非见）。
俱违一分现	胜论师对佛弟子云，色香味皆非眼见（唯色眼见，余皆非见）。

俱不违一分	佛弟子对数论云，自性我体，皆转变无常。

此二种四句中。违他及俱不违非过，立宗本欲违害他故。违自及共皆是过摄。现比量者，立义之具，今既违之，失所凭据，依何立义耶？比量体者，谓论对之人，藉立论者能立众相而观义智，宗因相顺，他智顺生。宗若违因，则他智异生，故所立宗名比量相违。如彼此共悉瓶所作性，决定无常，而今云常，宗既违因，令义乖返，义乖返故，他智反生，是故此宗过名比量相违。亦有两种四句如下：

违自比非他	胜论云，和合句义，非实有体（彼宗自许比知有故）。
违他比非自	小乘云，第七末那定非实有（大乘舍佛，比量知有，如眼根等为六依故）。
违共比	瓶等是常。
俱不违	
违自一分比非他	胜论对佛法云，六句义皆非实有（彼说前五现量得，和合比量知故）。
违他一分比非自	大乘对一切有部云，十色处定非实有（彼说五根，除佛，皆比得故）。
违共一分比	明论对佛法云，一切声常（彼宗自说明论声常，余声体皆无常故）。
俱不违一分	

两种四句之中，违自及共皆此过摄，违他非过，若俱不违，或非此过，有相符失。以上但明宗法自相比量相违，准因法差别、有法自相、有法差别凡具四失，则宗违因喻理亦有四，恐繁不述。自教有二，一立自所师对他异学，自宗业教；二不顾论宗，随所成教。今此但举自宗业教，对他异学，凡所竞理，必有凭据，义

既乖于自宗，所竟何所凭据。亦有全分一分两种四句，如下：

违自教非他	胜论云，声为常。
违他教非自	佛弟子对声论云，声无常。
违共教	胜论对佛弟子云，声为常。
俱不违	
违自一分教非他	化地部对一切有云，三世非有（违自所宗现世有故）。
违他一分教非自	化地部对大乘云，九无为皆有实体（大乘除真如外，无实体故）。
违共一分教	经部对一切有云，色处色皆非实有（粗微非实，彼宗共许极微实有）。
俱不违一分	

唯违他句，非是过摄。违自及共，皆此过摄。若俱不违，虽非此过，必有相符极成之失，是以违共之中亦但取一分违自为失。能立之法，必极成故，对敌申宗，必乖竞故，违自恁据即便为失，毁背所师无宗承故。世间者，世言生也，可破坏义，又代也，有迁流义，堕世中故名间。世间有二：一非学世间，除诸学者，所余世间所共许法；二学者世间，即诸圣者所知粗法。若深妙法，便非世间。言月怀兔、人顶骨不净，此非学世间。一切共知，月有兔故。《西域记》卷七云，婆罗疴斯国，烈士池西有三兽窣堵波，是如来修菩萨行时烧身之处。劫初时，于此林野，有狐、兔、猿，异类相悦。时天帝释欲验修菩萨行者，降灵应化为一老夫，谓三兽曰："二三子善安隐乎？无惊惧耶？"曰："涉丰草，游茂林，异类同欢，既安且乐。"老夫曰："闻二三子情厚意密，忘其老弊，故此远寻。今正饥乏，何以馈食？"曰："幸少

留此，我躬驰访。"于是同心虚己，分路营求。狐沿水滨，衔一鲜鲤，猿于林树，采异花果，俱来至止，同进老夫。唯兔空还，游跃左右。老夫谓曰："以吾观之，尔曹未和，猿、狐同志，各能役心，唯兔空还，独无相馈。以此言之，诚可知也。"兔闻讥议，谓狐、猿曰："多聚樵苏，方有所作。"狐、猿竞驰，衔草曳木，既已蕴崇，猛焰将炽。兔曰："仁者，我身卑劣，所求难遂，敢以微躬，充此一餐。"辞毕入火，寻即致死。是时老夫复帝释身，除烬收骸，伤叹良久，谓狐、猿曰："一何至此！吾感其心，不泯其迹，寄之月轮，传乎后也。"故彼咸言，月中之兔，自斯而有。后人于此建窣堵波，今若立量言，怀兔非月，以有体故，如日星等。虽因喻正，宗违世间，故名为过。以不共世间所共有知故。无有道理，可成比量。令余不信者，信怀兔非月，是故为过。又如迦婆离外道，此名结鬘，穿人髑髅以为鬘饰。人有诮者，遂立量言，人顶骨净宗，众生分故因，犹如螺贝喻。能立因喻，虽无有过，宗违世间，共为不净，是故为失。此过但有违共，无自他等。亦有全分一分之别，如言怀兔非日月，便是月一分违共，日不违故。凡因明法，所能立中，若有简别，便无过失。若自比量，据自义辩，他有不许，简言自许，便无违他随一等过。若他比量，对破他宗，自有不许，简言汝执，便无违自等过。若共比量，立敌所指一分不符，简言极成，或意在胜义，不同泛解，简言胜义，便无违世间自教等失。随其所应，各有标简，故无诸过。如昔玄奘因游西域，学满将还，时戒日王，王五印度，为设十八日无遮大会。令大师立义，遍诸天竺，简选贤良，皆集会所，遣外道小乘竞申论诘。大师立量，时人无敢对扬者。大师立唯识比量云："真故极成色，不离于眼识宗，自许初三摄，眼所不摄故因，犹如眼识喻。"世间共说色离识故。今有法色上言真故者，明依胜义，不依世俗，故无违于非学世间。又显依大乘殊胜义立，非依小乘，亦无违于阿含等教。色离识有，故无违于学者世间。复言极成者，简诸小乘后身菩萨染污诸色（谓后身菩萨纳妻生子诃调达爱罗睺是染也）及一切佛身有漏诸色（小计佛十五界一向有漏）。又复简诸大乘十方佛色及佛无漏色。说极成言，为简于此，立二所余共许诸色为唯识故。若不简初，便有一分自所别不成，亦有一分违宗之失。若不简复，便有他一分所别不成，又皆有随一一分所依不成等过故。因中有二，初言初三摄故，即十八界六三之中初三所摄，谓眼界色界眼识界。若不言初三所摄，但言眼所不摄故，则眼识及后五三皆眼所不摄，彼后五三定离眼识，如此便有不定过。若但言初三所摄，不言眼所不摄者，彼大乘师说彼眼根，非定一向说离眼识，根因识果，以同时故，即是非离。又色心各别，即非不离，故有不定。亦可作法自相相违言，真故极成色，非不离眼识，初三摄故。为简此过，故说二因。言自许者，大乘宗有两般，有离眼识本质色，有不离眼识相分色。三藏立量有法言陈自相，是立敌共许色，若望意许差别，但立相分色。为遮有法差别相违过故言自许。然新罗顺憬法师，声振唐番，学包大小。于此比量，作决定相违云："真故极成色，定离于眼识，自许初三摄，眼识不摄故，犹如眼根。"寄至长安，请师通释。于时奘师长往，窥基为释云，若自比量，宗因喻皆须依自，他共亦尔。前云唯识，依共比量。今因依自立，即一切量有此相违。奘师立言自许，为简有法差别相违，憬师量言自许，显依自比，眼识不摄，故不相符顺。且同喻亦有所立不成，大乘眼根非定离眼识，如前已解故。世间相违亦有全分一分两种四句是过非过，皆如自教相违中释。自语相违者，宗之所依，谓法有法，有法是体，法是其义，义依彼体，不相乖角，可相顺立。今言我母，明知有子；复言石女，明知无儿；我母之体，与石女义，有法及法不相依顺。自言既已乖反，对敌何所申立。又如言外道一切言皆是妄，陈那难云，若如汝说诸言皆妄，则汝所言可称实事，概非虚妄，一分实故，便违有法一切之言，若汝所言亦是虚妄，则余言不妄，汝今妄说非妄作妄，便违宗法言皆是妄，故名自语相违。此中亦有全分一分两种四句：

违自语非他	顺世宗对空论言，四大无实。
违他语非自	佛法者对数论言，彼我非受者。
俱违自他语	一切言皆是妄。
一分句	如前自教相违中说

违自为过，违共中亦以违自为失，违他非过，俱不违非此过摄，必有相符极成。更有两俱随一全分犹豫自语相违，至下不成中当具显示。能别不极成者，今佛弟子对数论师立声灭坏。有法之声，彼此虽许，灭坏宗法，他所不成。彼论世间无坏灭法故，总无别依，应更须立，非真宗故，是故为失。此亦有全分一分四句如下：

自能别不成非他	数论师对佛弟子云，色声等五，藏识变现（藏识变现，自宗非有故）。
他能别不成非自	佛弟子对数论师云，声灭坏。
俱能别不成	数论师对佛弟子云，色等五德句摄（德句胜论许，彼此皆无故）。

俱能别成	佛弟子对数论云，声无常。
自一分能别不成非他	一切有对大乘云，所造色大种藏识二法所生（一分藏识自宗无故）。
他一分能别不成非自	佛弟子对数论云，耳根灭坏有碍（有碍，彼宗有，灭坏无故）。
俱一分能别不成	胜论对佛弟子云，立色等五，皆从同类及自性所生（自性数论说彼此俱无故）。

此两种四句之中，唯俱成是，余皆非摄。所别不成者，数论立神我谛，由我思故，受用诸境是思。宗法彼此共成，佛法有思是心所故，然无有我，理如前说。此亦有全分一分四句如下：

自所别不成非他	佛弟子对数论说，我是无常（有法神我，自所不成故，若标汝执便无过）。
他所别不成非自	数论立我是思。
俱所别不成	一切有对大众部云，神我实有（神我俱不成故）。
自所别一分不成非他	佛弟子对数论云，我及色等皆性是空（色等许有，我自无故）。
他所别一分不成非自	数论对佛弟子云，我色等皆实有（佛法不许有我体故）。
俱所别一分不成	一切有对化地部云，我去来皆是实有（世可俱有，我俱无故）。

两种四句中，唯所别俱成非过，余皆是过。若以无为宗，如言无我，谓我能诠，必有所目，如色等类，便无过故，不尔便成。上二过中，义准亦有能别所别，犹豫不成，偏生疑故，恐繁不述。俱不极成者，胜论师对佛弟子立我以为和合因缘。我之有法，佛法中无，和合因缘，亦非有故。此中总取胜论六句义中和合之因

缘，非偏取和合或偏取因缘，此二佛法亦许有故。此中全分一分各有五种四句：

自能别不成他所别	数论对胜论云，自性体是和合因缘（所别他非有，能别自不成）。
他能别不成自所别	数论对胜论云，和合因缘体是自性（所别自非有，能别他不成）。
俱能别不成自所别	数论对大乘云，阿赖耶识是和合因缘（所别自不成，能别俱非有）。
俱能别不成他所别	大乘对数论云，藏识体是和合因缘（所别他不成，能别俱非有）。
自能别不成俱所别	数论对胜论云，藏识体是和合因缘。
他能别不成俱所别	胜论对数论云，藏识体是和合因缘。
俱能别不成俱所别	一切有对大乘云，我是和合因缘。
俱能别不成俱非所别	（此是能别不成中俱能别不成过）。

如能别不成为首，有二种四句。如是所别不成为首，亦有二种四句。即前八句中倒言云，故无别体，唯第八句俱所别不成，俱非能别，乃是所别不成中俱所别不成过。

自两俱不成非他	佛弟子对胜论云，我为和合因缘。
他两俱不成非自	胜论对佛弟子云，我为和合因缘。
俱两俱不成	一切有对大乘云，我为和合因缘。
俱非自他两俱不成	无过宗。

上来就全分说五种四句，一一离之，如自能别一分，自所别一分等，成五种别句，复将自能别一分不成等句对余全句，复将全能别不成等句对余一分句，皆理应有。随其所应，诸两俱过，皆

名两俱不极成。诸自他过，皆名随一不极成。由此亦有两俱随一犹豫全分一分等过。能所别中俱生疑故。复次上来三过皆说自相，若三差别亦有不极成过，略显如下：

所别差别他不极成	胜论云，四大种常（意许在实非实摄，有法差别，他宗不许有实摄法故）。
能别差别他不极成	数论明眼必为他用（意许积聚他不积聚他，佛法无不积聚他故）。
两俱差别不极成	大乘对数论云，识能变色（有法识上阿赖耶识心平等根识，是有法差别，数论无初，自宗无后故。法上生起转变，常住转变是法差别，数论无初，自宗无后故）。

于彼三种差别不极成中，亦有自他两俱全分一分等过，文繁不述。相符极成，义如前释，此亦有全分一分四句：

符他非自	数论对胜论云，业灭坏。
符自非他	胜论对数论云，业灭坏。
俱相符	声是所闻。
俱不符	数论对佛法云，业灭坏。
符他一分非自	一切有对数论云，我意实有（数论立我，不说意故）。
符自一分非他	一切有对大乘云，我及极微二俱实有（俱不立我，极微自许故）。
俱符一分	一切有对胜论云，自性及声二俱无常（自性无常俱无，声是无常两符故）。
俱不符一分	一切有对大乘云，我体实有。

此中符他两符全分一分皆是此过，符自全分或是真宗，并俱不符，或是所别能别不成，俱不极成，违教等过。此九过中绮互

各为四句，略例如下：

违现非比	声非所闻。
违比非现	瓶常。
违现亦比	小乘对大乘云，触处诸色非定心得。
违现非自教	对胜论云，实德业三定非现得（现谓他现也）。
违自教非现	胜论云，声常。
违现亦自教	（违自现必违自教）。
违现非世间	（违自现非非学世间）。大乘云，色非眼等境。
违世间非现	怀兔非月。
违现亦世间	声非所闻。
违现非自语	（如违他现）。
违自语非现	一切言皆是妄。
违现亦自语	

如是乃至违现亦相符等，凡有现量八种四句，比量有七种，自教有六，世间有五，自语有四，能别有三，所别有二，俱不极成有一，如是合有三十六种四句。合三过者，现量合二有二十八种四句，比量合二有二十一，自教合二有十五，世间合二有十，自语合二有六，能别合二有三，所别合二有一，如是三合总有八十四种四句。合四过者，现量合三有二十一种四句，比量合三有十五，自教合三有十，世间合三有六，自语合三有三，能别合三有一，如是四过合有五十六种四句。合五过者，现量合四有十五种四句，比量合四有十，自教合四有六，世间合四有三，自语合四有一，如是五过合总有三十五种四句。合六过者，现量合五有十种四句，比量合五有六，自教合五有三，世间合五有一，如是六过合总有二十种四句。合七过者，现量合六有六种四句，比量合

六有三，自教合六有一，如是七过合者总有十种四句。合八过者，现量合七有三种四句，比量合七有一，如是合七过总有四种四句。合九过者，现量合八，凡有一种四句。上来合二过乃至九过合有二百一十种四句，一一过中皆有自他俱不俱全分一分等过，如是每种四句衍为六十四种四句，以合二过三十六种言之，总计合有二千三百零四种四句，文繁不述。此论所举例有合诸过，如下表列：

现量相违有四过合	现量，自教，世间，自语。
比量相违有四过合	比量，自教，世间，自语。
自教相违有四过合	自教，比量，世间，自语。
世间相违有二过合	世间，比量。
自语相违有四过合	自语，比量，自教，世间。
能别不成唯一过	能别。
所别不成有二过合	所别，比量。
俱不极成有二过合	俱不成，比量。
相符唯有一过	相符。

第三，总结中言遣诸法自相门者，释五相违所由。宗之有法名曰自相，局附自体不共他故。智生智了，名之为门，由能照显，法自相故。立法有法，拟生他顺智，今标宗义，他智解返生，异智既生，正解不起，无由照解所立宗义，故名遣门。又即自相名之为门，以能通达生他智故。凡立宗义，能生他智，可名为门。前五立宗，不令自相，正生他真智解故，名遣诸法自相之门。言不容成者，释次三过，极成过所由，容谓可有，宗依无过，宗可有成，依既不成，更须成立，故所立宗不容成也。言立无果者，释

相符极成所由，果谓果利，对敌申宗，本争先竟，返顺他义，所立无果，由此相符亦为过失。

不成因过章第八

已说似宗，当说似因。不成、不定及与相违，是名似因。不成有四，一两俱不成，二随一不成，三犹豫不成，四所依不成。如或立声为无常等，若言是眼所见性故，两俱不成。所作性故，对声显论随一不成。于雾等性起疑惑时，为或大种和合火有，而有对说，犹豫不成。虚空实有，德所依故，对无空论，所依不成。

第一，总标中，虽因三相随应有过，俱不能成宗，应皆名不成。且据初相，于宗有失，不能成宗，无别胜用，此能立因，本既非因，不成因义，故名不成。若后二相，俱有俱无，异全同分，同全异分，俱分，难准，不能定成一宗，令义无所决断，故名不定。若后二相，同无异遍，异分同无，不成所立，此能立之因违害宗义，返成异品，故名相违。古师解云，不成者，因自不成，非对宗说然，离宗独说有因，可因自不成，因既是宗因，有过不能堪为因，故知定是不能成宗名不成。初列不成四过，两俱不成者，凡立量法，因后宗前，将已极成因，成未共许宗。若彼此俱谓此因于有法上非有者，不能成宗，名两俱不成。一许一不许此因于有法上有，非两俱极成，名随一不成。说因依有法，决定可成宗。说因既犹豫，其宗不定成，名犹豫不成。无体因所依有法，可通有无，有体因所依有法，则必须有，有体因所依有法若无者，是名无依因则不立，名所依不成，初相过失，立此四种。

第二，别释中，初两俱不成者，凡宗法因，依宗有法，必两俱许，用以成彼随一不共许法，今言眼所见因，主宾皆不许于声有法上有，非但不能成宗，自亦不成因义，立敌皆不许故，名俱不成。论言无常等者，言不但不能成声无常，兼亦不能成声上无漏等义。此不成因，依有法有，合有四句：

有体全分两俱不成	声为无常，眼所见性故。
无体全分两俱不成	声论对佛弟子云，声是常，实句摄故（实句，胜论义，彼此不许故）。
有体一分两俱不成	一切声皆常，勤勇无间所发性故（立敌皆许此因于彼外声无故）。
无体一分两俱不成	声论对佛弟子云，声常，实句所摄，耳所取因（耳所取因，立敌共许，实句所摄，两俱不许于声上转）。

次随一不成中，能立之因，若共许者，可成所立，既非共许，应更须成，故非能立。如胜论所对声显论立，声无常，所作性因，其声显论，说声缘显，不许缘生，所作既生，由斯不许，故成随一，非为共因。此随一因于有法上，略有八句：

有体他随一	胜论对声显论云，声是无常，所作性故。
有体自随一	声显论对佛弟子云，声常，所作性故。

无体他随一	胜论对声论云，声无常，德句摄故（声论不许有德句故）。
无体自随一	声论对胜论云，声常，德句摄故。
有体他一分随一	大乘对声论云，声无常，佛五根取故（大乘佛等五根互用于他一分四根不取）。
有体自一分随一	声论对大乘云，声常，佛五根取故。
无体他一分随一	胜论对声论云，声无常，德句所摄，耳根取故（耳根取因，两皆许成，德句摄故，他一分不转）。
无体自一分随一	声论对胜论云，声常，德句所摄，耳根取故。

此中他随一因，于自比量加自许言，自随一因，于他比量，加汝执言，便一切无过，有简别故。若诸全句，无有简别，及一分句，一切为过。如《摄大乘论》卷三说，诸大乘经皆是佛说。一切不违补特伽罗无我理故，如《增一》等。此对他宗有随一失，他宗不许大乘不违无我理故，说有常我为真理故。设许不违亦有不定，六足等论，皆不违故，而非佛说，故为不定。昔天竺有一论师，号曰胜军，声德高远，学艺超群，四十余年，立一比量云，诸大乘经皆佛所说宗，两俱极成非诸佛语所不摄故因，如《增一》等阿笈摩喻。此中因言，立敌共许非佛语所不摄，则非外道及六足等教之所摄故。时久流行，无敢征诘，奘师至彼而难之曰，且如《发智论》萨婆多师自许是佛所说。大乘许《发智》非佛语摄，今言两俱极成非佛语所不摄故。为如《发智》，则汝大乘教非佛语耶？为如《增一》等，汝大乘教并佛语耶？又谁许大乘两俱极成非佛语所不摄，是诸小乘及诸外道两俱极成非佛语所不摄耶？因犯随一。由此大师正彼因言，自许极成非佛语所不摄

故，简彼《发智》非自许故，便无有失。《唯识论》中亦言诸大乘经圣教量摄。乐大乘者许能显示无颠倒理，契经摄故，如《增一》等，以诸因中皆应简别，并如前说。言犹豫不成者，西方湿热，地多聚草，既足虫蚁，又丰烟雾，时有远望屡生疑惑，为尘为烟，为蚊为雾，故云于雾性等。火有二种：一者性火，如草木中极微火大；二者事火，炎热腾焰，烟照飞烟。其前性火，触处可有，立乃相符；其后事火，有处非有，凡诸事火，要有地大为质为依。风飘动焰，水加流润，故名成大种和合为火，有彼火故，如有人远望若雾若尘，若烟若蚊，而云彼间火起，以现若雾若烟等故，或似现烟故，此因不但立者自惑不能成宗，亦令闻者于所成宗疑惑不定。夫立共因，成宗不共，欲令他决定智生。今于宗共有疑，更说疑因，不成宗果，决智不生，是故为过。此有六句：

两俱全分犹豫	（如论）
两俱一分犹豫	如于近处见烟决定，远处雾等起疑惑时，而云彼近处，远处定有事火，以有烟等故（近处一分决定，远处一分犹豫）。
随他一全分犹豫	如立者从远处来，见烟决定，敌者疑惑。
随自一全分犹豫	如立者疑惑，敌者从远处来，见烟决定。
随他一一分犹豫	如立者于远近处，见烟决定，敌者近定远疑，立前第二量。
随自一一分犹豫	如立者于近见烟决定，远处有疑，敌者远近俱定。

有于能别决定所别有疑，或所别决定能别有疑，或二俱疑，如是所别能别总别犹豫，各有两俱、随自、随他、一分、全分六句，合成十八句。此于宗因俱有犹豫，是故似宗之中，义理亦有能别所别自俱随一等犹豫不成，不生自他决定智故。又此亦自语相违，言似烟等，云何言定有火。又亦是相符极成，他本生疑，符被疑故。言

所依不成者，凡法有法必须极成，不更须成，宗方可立。况诸因者，皆是有法宗之法性。今标云空，对无空论，有法不成，更复说因，因依何立。如胜论所说空有六德，经部不许。复次，德句，经部亦所不许，因中亦有他随一不成过，全唯显所依不成。体实具二，是故所依必无，能依之因，有无不定，此有二类：

两俱所依不成：	
有体全分	一切有对大乘云，我常住，识所缘故（所依我无，能依因有故）。
无体全分	数论对佛弟子云，我实有，德所依故。
有体一分	胜论对大乘云，我业实，有动作故（此于业有，于我无故）。
随一所依不成：	
有体他随一	数论师对佛弟子云，自性有，生死因故。
有体自随一	数论对大乘云，藏识常，生死因故。
无体他随一	胜论对经部云，虚空实有，德所依故。
无体自随一	经部对胜论云，虚空实有，德所依故。
有体他一分随一	数论对大乘云，五大常，能生果故（四大生果俱成，空大生果，大乘不许故）。
有体自一分随一	大乘对数论云，五大非常，能生果故。

上来两俱随一二种不成，无有犹豫所依不成，所依有无别故，能依疑定异故。所依若无，不犹豫故。故犹豫不成中所依能依虽复皆有，因不决定。故总为句，不分有无。所依不成，所依唯无，能依通有无。无他自无体随一一分所依不成者，若许自他少分，因于宗有，必非无体故。复次，四不成中，两俱必非随一，二一相违故。亦非犹豫，定疑相返故。亦非所依，两俱所依有，此

不成因过章第八

所依无故。随一亦非余二,定疑异故。所依有无异故,犹豫不通后一,疑决异故。所依通前二,所依唯有,因通有无故。若依古师外道因明不成唯二,但立两俱及随一不成。依彼说因通疑定,所依通有无。是故彼说两俱不成,全分一分,若疑若定,合有九句。随一不成,若自若他,全分一分,若疑若定,

合十八句。唯二大略,差别难知,陈那开之。故今四因,体性无乱。因三相中,初遍宗法,总成三句,一宗法而非遍,四不成中皆一分摄,合摄十二句。二非遍非宗法,四不成中,皆是全分,合摄十五句,如前已列。

不定因过章第九

不定有六：一共，二不共，三同品一分转、异品遍转，四异品一分转、同品遍转，五俱品一分转，六相违决定。此中共者，如言声常，所量性故，常无常品，皆共此因，是故不定。为如瓶等，所量性故，声是无常。为如空等，所量性故，声是其常。言不共者，如说声常，所闻性故，声是无常为如空等所量性故，声是其常，言不共者，如说声常，所闻性故。常无常品，皆离此因。常无常外，余非有故，是犹豫因。此所闻性，其犹何等？同品一分转、异品遍转者，如说声非勤勇无间所发，无常性故。此中非勤勇无间所发宗，以电空等为其同品，此无常性于电等有，于空等无，非勤勇无间所发宗，以瓶等为异品，于彼遍有。此因以电、瓶等为同品，故亦是不定。为如瓶等，无常性故，彼是勤勇无间所发。为如电等，无常性救，彼非勤勇无间所发。异品一分转、同品遍转者，如立宗言，声是勤勇无间所发，无常性故。勤勇无间所发宗，以瓶等为同品，其无常性，于此遍有，以电空等为异品，于彼一分电等是有，空等是无。是故如前亦为不定。俱品一分转者，如说声常，无质碍故。此中常宗，以虚空、极微等为同品。无质碍性，于虚空等有，于极微等无，以瓶乐等为异品。于乐等有，于瓶等无，是故此因以乐以空为同法故，亦名不定。相违决定者，如立宗言，声是无常，所作性故，譬如瓶等。有立声常，所闻性故，譬如声性。此二皆是犹豫因，故俱不定。

第一总标之中，言不定者，因三相中，后二相过。于所成宗及宗相违，二品之中，不定成故，名为不定。若立一因，于同异品，皆有名共，皆无名不共，同分异全是第三，同全异分是第四，同异俱分是第五。若二别因，三相虽具，各自决定，成相违宗，令敌证智不随一定，名相违决定。初五过中，唯第二过是因三相中第二相失，于宗同品非定有故。余四皆是第三相失，谓于异品非遍无故。后一过非由三相，至下当解。

第二别释中，言共者，所量性谓心心所法所量度性，此立常宗，空等常法为同品，瓶等无常为异品，同异品中此因皆遍，二共有故，名为不定。然宗有二，一宽二狭，如立声无我名宽，声外一切皆无我故。立声无常为狭，除声以外有常法故。因亦有二，所量所知所取等名宽，无有一法非所量等故。勤勇所作性等名狭，更有余法非勤勇非所作故。狭因能立，通成宽狭两宗，是故三相，同品言定而非遍，宽因能立，唯成宽宗。今立狭宗，说彼宽因，以宽成狭，由此因便成共，同异二品因皆遍转，共因不得成不共法，故成不定。若望宽宗，其义可立，唯说狭因，可成狭宗，亦可成宽，异品无故，可成正因。宽因之中若有简略，则便无失。如声论对胜论云，声常，耳心心所所量性故，此有简略，即便无失。故此与不共二不定差别者，彼于一切品皆都无故。然诸比量，略有三种，一他，二自，三共。他比量中，略有三共，自比共比亦各有三，合有九共。今恐文繁，且举三共，下皆准知。

他共	如以佛法破数论云，汝我无常，许谛摄故，如许大等（此他比量无常之宗，二十三谛为同品，以自性为异品，许谛摄因于同异品皆悉遍有，故是他共。若不尔者，宗同喻等，皆有违于自教等失）。
自共	数论计我，我是常，许谛摄故，如许自性（此自比量，立我常宗，自性为同，大等为异，许谛摄因，二皆遍转，故是自共）。
共共	如论所说。

言不共不定者，如声论立声常宗，耳所闻性为因。此中常宗，空等为同品，电等为异品。所闻性因二品皆离，于同异品皆非有故，离常无常外更无第三双非之品，有所闻性故。故或犹豫，不成所立常，亦不返成异品无常故。夫立论宗，因喻能立，举因无喻，因何所成，故云其犹何等？犹者，如也。因既无方，明因不定，不能生他决定智故。古师唯立四不定，无不共不定，以彼因不属异类，无更所成，不名不定。陈那释云，言不定者，由不共故，如山野中多有草木，虽无的属，若有取之，即可属彼，亦

是不定。此因亦尔,同异二品虽皆不共,无定所属,望所成立宗法同异,可有通于随成一义,故名不定。释不共者,谓不共因凡所成立一切差别之义,遍摄一切佛法外道等宗,于彼宗中随所立宗,此不定因,皆是疑因,如佛法立若法处摄,若声处摄,若有漏摄,若无漏摄,此等诸声皆无常等为宗。数论立声,若是实有,若是自性等为宗。胜论立声若德句摄,若非德句摄,裸形外道立二句法,有命无命,有动增长名为有命,无动不增长名为无命,声是无命,我是有命等,如是一切所立声宗,所闻性因遍于彼宗,皆二品无,并不能令宗性决定,故是疑因。此不共因,不唯阙初相,非不成摄,不返成异宗,非相违摄,前既唯阙第三相名共不定,今唯阙第二相,故名不共不定,此亦有三:

他不共	佛弟子对胜论云,彼实非实,执德依故(非实之宗,以德句为同品,虽无异品,此德摄因,于同异品皆非有故)。
自不共	胜论立我实有,许德依故(于同异品二皆非有)。
共不共	如论。

第三过中,声生论说本无今生,是所作性,非勤勇显。若声显论,本有今显,勤勇显发,非所作性。故今声生对声显宗,声非勤勇无间所发,无常性因。此无常性虽俱不许于声上转,有两俱全分两俱不成过,今且唯取不定。非勤勇宗,以电及空为同品,并非勤励勇锐无间所发显故。无常之因,电有空无,故是同品一分转也。瓶是勤励勇锐无间因,四尘泥所显发故,无常之因,于彼遍有。此因虽于宗同品空上无,只于宗同异二品电、瓶上有,不唯定成一宗,故是不定。此亦有三:

他同分异全	小乘对大乘云，汝藏识非是熟识，执识性故，如彼第七等（此非异熟识宗，以除异熟六识外余一切法而为同品，执识性故，于第七等有，于色声等无，异熟六识而为异品，执识性因，于彼遍有故）。
自同分异全	一切有对大乘云，我之命根定是实有，许无缘虑故，如许色声等（此实有宗，以余五蕴无为等为同品，无缘虑因，于色等有，于识等无，以瓶盆等而为异品，无缘虑因于彼遍有）。
共同分异全	如论。

第四过中，无常性因于同品一切转故，于异品半有转故。是因不但能成于声如瓶盆等是勤勇发，亦能成声如电光等非勤勇发，故是不定。此亦有三：

他异分同全	大乘对一切有云，汝执命根，定非实有，许无缘虑故，如瓶等（非实有宗，以瓶等为同品，无缘虑因，于彼遍有，以余五蕴无为为异品，无缘虑因于彼一分色等上有，心心所无）。
自异分同全	大乘云，我之藏识是异熟识，许识性故，如异熟六识（异熟识宗，以异熟六识而为同品，许识性因，于此遍转，以除异熟六识，余一切法而为异品。许识性因，于彼一分非业果心有，于彼一分色等上无。又前胜军论师立大乘真是佛说，两俱极成非佛语所不摄故，如《增一》等，亦是此过。此中佛语宗，以《增一》等而为同品，大小乘俱许，因于彼遍有，以《发智》六足等而为异品，因于《发智》有，于六足无，以《发智论》等小乘自许亦是佛语，大乘不许故）。
共异分同全	如论。

第五过中，声胜二论皆说声无质碍，空大为耳根，亦无质碍。复说地水火风，极微常住。粗者无常，劫初成体非生，劫后

坏体非灭。二十空劫，散居处处，后劫成位，两合生果。如是展转乃至大地，所生皆合一，能生皆离多。又说觉乐欲嗔等为心心所法，今立常宗，以虚空极微为同喻，无质碍因，于空等有，极微等无，以瓶乐为异品，无质碍因，于乐等中有，于瓶等上无。此无质碍因，空为同品，能成声常，乐为同品，能成无常，由成二品，是故不定。此亦三种：

他俱品一分转	大乘对一切有云，汝之命根，非是异熟，以许非识故，如许电等（非异熟宗，以非业果五蕴无为而为同品。许非识因，于电等有，于心等无，以业果五蕴而为异品，此非识因，于心等无，于眼等有）。
自俱品一分转	小乘返立如前。
共俱品一分转	如论。

第六过中，具三相因，各自决定，成相违之宗，名相违决定。相违之决定，决定令相违，八啭声中第三第六两啭，俱是依主释也。此相违因不能令敌生定智故。如论乃胜论声生论互立。初胜论，对声生论说，若对声显随一不成；次声生论对胜论立，若对余宗不共不定。声生说生总有三类：一者响音，虽耳所闻，不能诠表，如在谷语，别有响声。二者声性，一一能诠，各有性类，离能诠外，别有本常，不缘不觉，新生缘具，方始可闻。三者能诠，离前二有，虽响及此二皆新生，响不能诠，今此新生，声是常住，以本有声性为同品。胜论亦立声性，不同声生论，谓同异性实德业三各别性故，本有而常，大有共有，非各别性，不名声性。两宗虽异，并有声性常住，总引为喻，此二因虽皆具足三相，令他审

察者智成踌躇，不能定解，故名不定。此亦有三：

他相违决定	大乘破一切有云，汝无表色，定非实色，许无对故，如心心所。一切有云，我无对色，定是实色，许色性故，如色声等。
自相违决定	若先立自义，后他方破，即是自比相违决定。初是他比，后必自比。若立自比，对必他比，无二自他，若二自他，俱真立破，非似立故。如大乘立破前无表比量，小乘对云，大乘无表定有实色，许非极微等是无对色故，如许定果色。此非相违决定，俱真能立真能破故，由此立敌共申一有法，诤此法故。
共相违决定	如论。

不定六过行相别故，各各相违，体无杂乱，故无二多合体，此六过因，以前九句配者，如下：

共因	不共因	同分异全	异分同全	俱分	相违
第一句	第五句	第七句	第三句	第九句	彼无（此相无阙彼有阙故）

复次相违决定与比量相违者，彼宗违因，此因违宗，彼宽此狭，二类别故，由此说诸相违决定，皆比是相违。有比量相违，非相违决定。复次相违决定中若不改前因，违宗之中，有法及自相差别四种即是后相违过。若改前因，违宗四种，皆相违决定，略例如下：

不定因过章第九

有法自相相违决定	胜论对声论云，声无常，所作性故，如瓶。声论云，声应非声，许德摄故，如色香等（此违自宗）。又如云，无常之声，应非无常之声，所作性故，如瓶（此非过摄，双牒法有法为法宗，于诸过中无此相故，其无常言为根本所诤法之自相，非法上意许差别，不可说为有法差别，故此非过）。胜论云，所说有性非四大种，许除四大体非无故。如色声等。他难云，汝有性非有性，非四大故，如色声。
有法差别相违决定	初因如前。他难云，汝之有性应不能作有有缘性，许非四大故，如色声等（作有有缘性，非有有缘性，是有法差别。意云有能作有性之有能缘性故）。
法差别相违决定	初因如前。他难云，汝之有性非能有四大，非四大种，许非无故，如色声等（能有四大非四大种，不能有四大非四大种，是法差别。彼说色等非四大种，不能有大有性，非四大种能有四大故）。
法自相相违决定	如论。

复次不定过中，无分全之别，理穷尽故。复次如前所说五十四种不定之中，自共比中诸自不定，及共不定，是不定过。自共有过，非真能立，何名破他？他比量中，若他不定及共不定，亦不定过，立他违他及共有过，既非能破，何成能立？自比量中诸他不定，他比量中诸自不定，皆非过摄，立义本欲违害他故，随其所应，如理应思。复次，此论且依两俱不定过说，立敌俱许因于二喻，共不共等说为过。二喻虽共因，有随一故，义准亦有随一犹豫所依不成不定之过。如是五十四种不定过，既各有四，则有二百十六种不定过。若四不成有体无体全分一分自他共许合二

十七，彼五十四种不定过中一一皆有，总成一千四百五十八种诸不定过，恐繁且止。

相违因过章第十

相违有四：谓法自相相违因，法差别相违因，有法自相相违因，有法差别相违因等。此中法自相相违因者，如说声常，所作性故，或勤勇无间所发性故。此因唯于异品中有，是故相违。法差别相违因者，如说眼等必为他用，积聚性故，如卧具等。此因如能成立眼等必为他用，如是亦能成立法差别相违积聚他用，诸卧具等为积聚他所受用故。有法自相相违因者，如说有性非实非德非业，有一实故，有德业故，如同异性。此因如能成遮实等，如是亦能成遮有性，俱决定故。有法差别相违因者，如即此因，即于前宗有法差别作有缘性，亦能成立与此相违作非有缘性，如遮实等俱决定故。

第一总标中，相违义者，谓两宗相返，此之四过，不改他因，能令立者宗成相违，与相违法，而为因故，名相违因。因得果名，名相违也。此中因仍旧定，喻可改依。因明论法，略有二种，一自性，二差别。此有三重，一者局通，如对论法等言，所成立自性者，谓我自性，法自性，若有若无所成立故，各别性故。差别者，谓我差别，法差别，若一切遍，若非一切遍，若常若无常，若有色若无色，如是等无量差别，随其所应，空等遍有，色等非遍，前局后通，故二差别。二者先后，于总聚中，言先陈者名为自性，言后陈者名为差别，以后所陈分别前故。《佛地论》卷六云，彼因明论，自相共相，与此有异。彼说诸法各别，局附自性，名为自相。贯通他上，如缕贯华，名为共相。故依于此，声等局体名为自性，无常贯他，名为差别，得名不定。若立五蕴一切无我，五蕴名为自性，我无我等名为差别。若说我是思，思为差别，我为自性，是故不定。三者言许，言中所陈，前局及后通俱名自性，故法有法皆有自性。自意所许别义，所可成立名为差别，故法有法皆有差别。今说有因，令此四种宗之所立返成相违，故名法自相相违因等。言等者，义显别因，所乖返宗不过此四，能乖返因有十五类，如下：

违一有四	谓各别违。
违二有六	谓违初二，违初三，违初四，违二三，违二四，违三四。
违三有四	谓违初二三，违初二四，违初三四，违二三四。
违四有一	谓违初二三四。

总凡十五，总中但显四种，故云等也。

第二别释中，初法自相相违因，举二因者，此有二师，初声生论立声常宗，所作性因。此中常宗，空等为同品，瓶等为异品，所作性因，同品遍非有，异品遍有，九句因中第四句也。翻九句中第二正因，彼同品有，异品非有，此同非有异品有故，应为相违

相违因过章第十

量云，声是无常，所作性故，譬如瓶等。次声显论立声常宗，勤勇无间所发性因。此中常宗以空为同品，以电、瓶等而为异品，勤勇发因于同遍无，于异品电无，瓶等上有，九句因中第六句也。翻九句中第八正因，彼同品有非有，异品非有；此同非有异品有非有故，应为相违量云，声是无常，勤勇无间所发性故。此之二因，返成无常，违宗所陈法自相故，名相违因。论中四过，初一似因，因仍用旧，喻改先立。后之三因，因喻皆旧，由是因必仍旧，喻任改同。又九句因中第四第六名相违因，要同非有，异有或俱。由是下之三因，观立虽成，反为相违，一一穷究，皆亦唯是同无异有，成相违故，至下当知。次言法差别相违因者，谓必两宗各随应因所成立，意之所许所诤别义，方名差别。此因成彼相违，名相违因，非谓法有法上除言所陈余一切义皆是差别。论中举数论义，眼等五法，即五知根。卧具床座，即五唯量所集成法。不积聚他，谓实神我，体常本有。其积聚他，即依眼等所立假我，无常转变。积聚他非积聚他是法差别。然彼宗义，眼等卧具等同为积聚他不积聚他之所受用，于眼根等，不积聚他实我用胜，亲用于此受五唯量故。积聚他假我用劣，由依彼眼等方立假我故。于卧具则有二种，以由神我思量受用，故从大等次第成之。就所思说，实我用胜，假我用劣。然以假我安处所须，方受床座，故于卧具，假我用胜，实我用劣。彼数论对佛弟子，意欲成立我为受者，受用眼等，有四种义，初三有过，故立第四，如下：

（一）我受用眼等（我为有法所别不成），积聚性因（两俱不成），如卧具等喻（所立不成）。

（二）眼等必为我用（能别不成阙无同喻），积聚性因（违法自相），如卧具喻（所立不成）。

（三）眼等必为假他用（相符极成）。

（四）眼等必为他用（眼为有法，他用是法，意许必为法之差别中不积聚他实我受用，若显言陈不积聚他用，便有能别不成，所立亦不成，阙无同喻，因违法自相过故）；积聚性因（积多极微成眼等故）；如卧具喻（其床座等是积聚性，彼此俱许为他受用故）。

今陈那即以彼因，与所立法胜劣差别而作相违。非法自相，亦非法上一切差别，皆作相违。彼积聚因，如能成立数论所立眼等有法，必为他用法之自相，如是亦能成立宗法自相，意许差别相违之义积聚他用。其卧具等积聚性故，既为积聚假我用胜，眼等亦是积聚性故。诸非积聚他用胜者，必非积聚性，如龟毛等。由是应如卧具，亦为积聚假我用胜，此中但可难言假他用胜，不得难言实我用劣，违自宗故。亦非直申差别相违过云，眼等应为积聚他用，以数论亦许积聚他用劣故。于因三相，阙二三相，以彼因意许非积聚他用胜，其积聚他用胜，即是异品，宗无同喻，佛法都无不积他故。积聚性因于异品有故。亦是九句中异有同无，故成相违也。

有法自相相违因中，述胜论义彼鸺鹠仙人，既悟所证六句义法，谓证菩提，便欣入灭，但嗟所悟未有传人。传者必须具七德故：一生中国，二上种姓，三有寂灭因，四身相圆满，五聪明辩捷，六性行柔和，七具大悲心。经无量时伺无具者。后经多劫，婆罗疣斯国，有婆罗门名摩纳缚迦，此云儒童。儒童有子，名般遮尸弃，此云五顶。顶发五旋，头有五角，七德虽具，根熟稍迟。为染妻孥，卒难化导。经无量岁，伺其根熟。后三千岁，游戏园苑，共妻竞花，因相忿恨。鸺鹠引通，化五顶不从。又三千岁，化复不

相违因过章第十

得。更三千岁,两竞尤甚。相厌既切仰念空仙,仙人应时神力化引,腾空迎往所住山中。徐说先悟六句义法,说实德业,彼皆信之。至大有句彼便生惑。仙言有者,能有实等,离德实业三外别有,体常是一。弟子不从云,实德业性不无,即是能有。岂离三外,别有能有。仙人便说同异句义,能同异彼实德业三。此三之上各各有一总同异性,随应各各有别同异。如是三中随其别类,复有总别诸同异性。体常众多,复有一常能和合性,和合实德业令不相离,互相属著。五顶虽信同异和合,然犹不信别有大有。鸺鹠便立量云,有性非实非德非业,有一实故,有德业故,如同异性。明此有性,体非即实等。此言有性,不言大有者,仙人五顶两所共许实德业上能非无性,故成所别。若说大有,所别不成,因犯随一。因云有一实故者,胜论六句,束为四类。一者无实,二者有一实,三者有二实,四有多实。地水火风名四常,极微及空时方我意,并德业和合,皆名无实。四本极微,体性虽多,空时等五,体各唯一,皆无实因,德业和合,虽依于实,和合于实,非以为因。故此等类,并名无实。大有同异,名一实,俱能有于一一实故。至劫成初,两常极微,合生第三子微。虽体无常,量德合故,不越因量,名有二实,自类众多,各各有彼因二极微之所生故。自此以后,初三三合生第七子,七七合生第十五子,如是展转生一大地,皆名有多实,有多实因之所生故。大有同异,能有诸实,亦得名为有无实,有二实,有多实。然此三种实等,虽有功能各别,皆有大有令体非无,皆有同异令三类别。名有一实,谓属著义有二实,故如佛法言有色有漏,有漏之有,能有之法,能有所有烦恼漏体。犹如大有,能有实等。有色之言,如有一实及有德等,无别能有而有于色。此色体上有其色义。如空有声，非空之外别有能有，但是属著法体之言。若是大有，因成随一，喻能立不成。不言有于无实二实多实者，若言二实多实，因犯不定。为如同异有二多实，故彼有性非实，为如子微等有二多实，则彼有性是实。若言无实，和合句义亦名无实，有彼无实两俱不成。亦欲显九实一一有故，故云一实，有性有法，是实德业之能有性。有一实因，能有于一一实故，是宗之法也。言有德业者，有色如前，亦属著义。不言一德一业者，实有多类，不言有一，即犯不定，谓子微等皆有实故。德业无简，故不言一。三因一喻，如同异性，此于前三，一一皆有，亦如有性，故以为喻。仙人既陈三比量已，五项便信。法既有传，仙便入灭，胜论宗义，由此悉行。

陈那为因明之准的，作立破之权衡，重达彼宗，以申过难。谓有一实有德业，如能成立有性非是实等，亦能成立遮彼有性而非有性。如立量云，有性应非有性，有一实故，有德业故，如同异性。同异能有于一实等，同异非有性，有性能有于一实等，有性亦非有性。由此因既能遮有性非实等，亦能遮有性非大有性，两俱决定故。此中破量无自语相违过者，以彼先已成非实之有，今难彼故。若前未立而今难言，则犯自语自教相违。复次，彼所立量于因三相后二相过。谓言有性是有法自相，意许离实有体，能有实之大有，其同异性，虽离实等有体能有，而非大有。虽因同法，便是所立宗之异品。离实大有，虽无同品，有一实因，同品非有，于其异品遍转，是同无异有故。又前论说言，与所立法均等义品说名同品，不说有法均等名同品。而今言有法自相相违者，谓今以离实有性而为同品，亦是宗中所立法均等义，非但以有性与同异性为同品，无违论理。若尔，则立声为无常宗，声体可闻，瓶可烧见，其瓶与声，应成异品，岂非一切宗皆无同品？彼声之体非所诤故，声上无常是所立义。瓶既同有，即为同品。彼说离实有体有性为宗有法，以有一实因所成立，同异既非离实有体之有性，故成于异品。有性既为有法自相，离实有性是其差别，有一实因，便是有法差别之因。今说为自相过者，以彼宗意许离实有性，实是差别。言陈有性，既是自相，今非此言陈，即是违自相，故名自相过。有法差别相违因者，彼胜论立大有句义，有实德业，实德业三和合之时，同起诠言，诠三为有。同起缘智，缘三为有。实德业三，为因能起，于实德业，有诠缘因，即是大有。大有能有实德业故。彼鸺鹠仙，以五顶不信离实德业别有有故，故立前量言陈有性为有法自相，意许作有缘性、作非有缘性为有法差别。如同异性，有一实故作有缘性，体非实等，有性有一实故。亦作有缘性，故知体非实德业。然此因如能成立非彼所立意许大有句义有缘之性，亦能成立与彼所立意许别义作有缘性差别相违，而作非大有有缘之性。同异有一实，而作非大有有缘性。有性有一实，应作非大有有缘性。此中不遮作有缘性，但遮作大有有缘性，故成违彼差别之因，于因三相中亦是后二相过。有性有缘性，因本所成有法差别，宗无同品，因于遍无，同异非有性有缘性是宗异品，因于遍有，同无异有，故成相违。此四过中凡有三因，初二种因各违别一，后二种因具难二过，有法自相有法差别故。其有一因通违三者，如胜论立所说有性非四大种，许除四大体非无故，如色声等。此中非四大种是法自相，能有四大非四大种，不能有四大非四大种，是法差别。彼意本欲成能有四大非四大种。今与彼法差别作相违云，所说有性非能有四大非四大种，许除四大体非无故，如色声等。所说有性是有法自相，与此有法自相为相违云。所说有性应非有性，许除四大体非无故，如色声等。彼说有性离实有性，今非此有，故不犯自语自教相违。又有性既是有法自相，作有性有缘性，作非有性有缘性，是有法差别。彼意本成作有性有缘性，今与彼有法差别为相违云，有性应非作有性有缘性，许除四大体非无故，如色声等。不改本因，即为违量，故成违三。夫正因相者，必遍宗法，同有异无，生他决智。因法成宗，可成四义，谓有法及法，此二各有言陈自相意许差别，随宗所诤，成一或多，故宗同品说所立法均等义品名为同品。随其所诤所立之法有处名同，非取宗上一切皆同。若尔，便无异喻品。亦非唯取言所陈法，若尔便无自余过失。但随其所应因成宗中，一乃至四，所两竞义，有此法处名为同品。此论所说，法自相因，唯违于一，故显示因，同无异有。因重改他同喻为异，改他异喻为同，自余三因，乍观皆似有异无，以因重中以他同为同，他异为异故，然以理穷究，其因亦是同无异有。以彼胜论方便矫立，以异为同故。如法差别不积聚他用，有法自相离实等有性，有法差别作大有有缘性皆无同喻，彼因但于异品上有故。是故四相违中后三皆是九句中第四句摄。复次彼不定因，因虽不改，通二品故，不生决定智，立不定名。此相违因，随应所成，立必同无异有，破必同有异无。决智既生，故名相违。此中亦有他自共比，名亦说有违他自共。四相违因，合三十六。论中所说皆共比违共。诸自共比，违共及自，皆为过失，违他非过。他比违他及共为失，违自非失，义如前说。此但说全，应详一分。又此但说两俱不成四相违因，亦有随一犹豫所依余三不成四相违因。三十六中，一一有四，合计一百四十四种诸相违因，文繁不述。是故因过之中，自他共比既各有三，有体无体，全分一分，总相而说二十七不成，五十四不定，三十六相违，合计一百一十七句似因。相对宽狭，以辩有无，皆应思准，恐繁且止。

似同法喻章第十一

已说似因,当说似喻。似同法喻有其五种:一能立法不成,二所立法不成,三俱不成,四无合,五倒合。似异法喻亦有五种:一所立不遣,二能立不遣,三俱不遣,四不离,五倒离。能立法不成者,如说声常,无质碍故,诸无质碍,见彼是常,犹如极微。然彼极微,所成立法常性是有,能成立法无质碍无,以诸极微质碍性故。所立法不成者,谓说如觉。然一切觉能成立法无质碍有,所成立法常住性无,以一切觉皆无常故。俱不成者,复有二种,有及非有。若言如瓶,有俱不成。若说如空,对无空论,无俱不成。无合者,谓于是处无有配合,但于瓶等双现能立所立二法。如言于瓶,见所作性及无常性。倒合者,谓应说言,诸所作者皆是无常,而倒说言,诸无常者皆是所作,如是名似同法喻品。

第一总标中,因名能立,宗法名所立。同喻之法必须具此

似同法喻章第十一

二。因贯宗喻，喻必有能立，令宗义方成；喻必有所立，令因义方显。今偏或双于喻非有，故有初三过。喻以显宗，令义见其边极。若不相联合，则所立宗义不明，他智照解不生，故有第四过。初标能以所逐，明有因宗必随逐。若先宗而后因，乃有宗因必逐，返覆能所，令心颠倒，共许不成，他智异生，故有第五。依增胜过，但立此五，不言无结倒结等。异喻之法须无宗因，离异简滥，方成异品。既偏或双于异上有，故有初三。要依简法简别离二，令宗决定，方名异品。既无简法，令义不明，故有第四。先宗后因，可成简别，先因后宗，反成异义，非为简滥，故有第五。

第二别释中，先举宗因，显彼喻体，若据合显亦是因过。前已明因，今辨喻过，故不言因，文显易解。准因有两俱随一等过，据理喻亦成宗，应亦具四，论不言者，因亲成宗，是故具述，喻是助成，故不分别。一两俱不成，即论说是。二随一不成，如声论对佛弟子立声常宗，无质碍因，如业。彼佛法中业有碍故，即是随一。犹豫不成，此有二解：一解云因具三相，二喻即因。因共犹豫，对决定因亦名犹豫。如立彼处有火现似烟故，如厨舍等，决解云，须喻自体于因犹豫，方名犹豫。所依不成者，如数论对佛弟子立思受用诸法宗，以是神我故，如眼等根。以佛法中不许神我故因，此因既无，故喻无依。然准道理所依有二：自体依，如言如瓶。二所助依，即是因也。此约依因，非言自体，所立不成中，言如觉者，即心心法之总名也。喻上常住，实非所立，即同于彼，所立能立二种法者即是其喻。从所同为名，故云所立。准前亦有四种：初两俱不成者，如论所引。二随一不成者，如对佛法立前极微喻，以佛法不许极微是常住故，此中虽有余过，且取所立。犹豫不成者，如大乘对一切有部云，预流等定有大乘种姓，然不定知此预流等有大乘姓否，故怀犹豫；因云有情摄故，如余有情，然余有情亦怀犹豫，不知定有大乘姓否。所依不成者，此有二解：一约依宗，为喻所依。如数论对佛法云，眼等根为神我受用，同喻如色等，此即宗中能别不极成，以能别无故。喻无所依，由是喻上所立不成。一依自体，为喻所依，如声论对大乘立极微为同喻，以大乘宗不立微故，此阙所依，所立不成，细准而言，亦有自他共，全分一分，有体无体，思之可悉，恐繁不述。俱不成中，言有非有者，有谓有彼喻依，无即无彼喻依。准此有无，有即两俱随一不成过，无即所依不成过，或有或无即犹豫不成过。有二喻过中所以不开有无二种者，双无既开，额偏亦尔，以影略故。立声常宗，无质碍因，瓶体虽有，常无碍无，虚空体无。二俱不立，有无虽二，皆是俱无。准此有四句，分别如下：

宗因有体无俱不成	如论对无空论。
宗因无体有俱不成	如数论对一切有部云，思是我，以受用二十三谛故，如瓶盆等。
宗因有体有俱不成	如论有俱不成。
宗因无体无俱不成	如论第二对佛法中无空论者。

然此四句各有两俱、随一、犹豫及所依不成。两俱乃至犹豫各分于二，曰有非有，所依不成，但非有故，且依初二句中，略例如下：

两俱有俱不成	如论第一。
随一有俱不成	（一）自随一：如外道云，我能受苦乐，以作业故，如空，对佛法中无空论者。

	（二）他随一：如声论对佛法者云，声常，无质碍故，如语业。
犹豫有俱不成	如云，彼厨等中定有火，以现烟故，如山等处（于雾等性既怀犹豫，有火不决，故成犹豫）。
所依有俱不成	喻依既有，便无不成，故无此句，或云即是前第二句，宗因无体，有俱不成也。
两俱无俱不成	声论对胜论云，声常，所闻性故，如第八识（二俱不立有第八识故）。
随一无俱不成	（一）自随一：如声论对大乘立前量（彼自不许有第八识故）。 （二）他随一：如云，如空，对无空论。
犹豫无俱不成	既无喻依，决无二立，疑决既不异分，故阙此句。
所依无俱不成	或云阙此，或云即是前第四句，宗因无体，如俱不成。

　　于中复有两俱随一，全分一分，恐繁不述。复次虚空体无，恒无即常，空体非有，无碍岂无，而言俱不成者，凡立宗法略有二种：一者但遮而无有表，如言我无，但欲遮我，不别立无，喻亦但遮而不取表。二者亦遮亦表，如说我常，非但遮无常，亦表有常体，喻即有遮表。今云如空，对无空论，但有遮无表故，二立并阙。言无合者，谓于喻处不言诸所作皆是无常，犹如瓶等，即不能证有所作处，无常必随，即所作无常，不相随属，是无合义。由此无合，纵使声上见有所作，不能成立声是无常。故若无合，即是喻过。若云诸所作者皆是无常，犹如瓶等，即能证彼无常必随所作性。声既有所作，无常亦必随即相随属，是有合义。所言合者，非谓以瓶所作，合声所作，以瓶无常，合声无常，谓合宗因，明相随属耳。言倒合者，应以所作证无常，今翻无常证所作，所成既非所立，有违自宗及相符等过，故是喻过。已如正喻中广释，同

喻五过中，前之三过，皆有自他共分全等，后之二过，但有共全，总计初三各四，成一十二，加后二过，总有十四，更分自他共有四十二，于中全分一分，乃至以似因重似喻过，数乃无量。恐繁且止。

似异法喻章第十二

似异法中，所立不遣者，且如有言，诸无常者，见彼质碍，譬如极微，由于极微所成立法常性不遣，彼立极微是常住故。能成立法无质碍无。能成立不遣者，谓说如业，但遣所立，不遣能立，彼说诸业无质碍故。俱不遣者，对彼有论，说如虚空，由彼虚空不遣常性无质碍故，以说虚空是常住故，无质碍故。不离者，谓说如瓶，见无常性，有质碍性。倒离者，谓如说言，诸质碍者皆是无常。如是等似宗因喻，言非正能立。

明异喻过，所立不遣，文显易解。此中亦有两俱、随一、犹豫、无依不遣，或无第四过，以异喻体但遮非表，依无非过。但有前三，或亦有四。如立我无，我许谛摄故，异喻如空，对无空论虽无所依，亦不遣其所立法故，且明三句：

两俱不遣	如论，对胜论立。

随一 不遣	如论对一切有部立（彼计极微非常故）。
犹豫 不遣	如言彼山等处定应有火，以现似烟故，如余厨等处。异喻，诸无火处皆不现烟，如余处等（然不现烟处火为无有，犹豫不决，有无烟火故）。

于中随应有自他共全分一分等。能立不遣，俱不遣，文并易解。前似同中俱过开二，似异不遣不明有无者。同约遮表，无依成过。异遮非表，依无俱遣，故无非过。言不离者，离者，不相属著义。言诸无常者，即离常宗。见彼质碍，离无碍因。将彼质碍属著无常，返显无碍属著常性，故声无碍定是其常。今既但云见彼无常性，有质碍性，不以无常属有碍性，即不能明无宗之处因定非有，何能反显有无碍处定有其常，不令常无碍互相随属，故为过也。准前合中亦应双离宗因。言倒离者，异喻应言，诸无常者见彼质碍，即显宗无因定非有，返显正因，除其不定及相违滥，返显有因宗必随逐。今既倒云，诸有质碍皆是无常，自以碍因，成非常宗，不简因滥，返显于常。此亦有三，自他及共，无一分过。总计似异亦有四十二过，如似同喻中说。余细分别，准上应知。

明现量章第十三

复次为自开悟，当知唯有现比二量。此中现量谓无分别。若有正智，于过等义离名种等所有分别，现现别转，故名现量。

第一总标者，上已明真似立，此下明二真量，是真能立之所须具故。此次第与前颂中不同者，前颂标宗二悟类别，立破其似，相对次明，故八义如前。今长行以性相求，故先明量，后乃明破。所谓标宗者，因明之旨，本欲立正破邪，故先能立，次陈能破。所申无过，立破义成；所述过生，何成立破？故立破后次陈二似。虽知真似，二悟不同。开示证人，俱悟他摄。刊定法体，要须二量。现量则得境亲明，比量亦度义无谬。故先现量，次陈比量。刊定之则虽成，谬妄仍难楷定，故当对二真更明二似，是故颂中次第如此。言性相者，立义之法，一者真立，正成义故，二者立具，立所依故。真因喻等，名为真立，现比二量，名为立具，故古师等亦称能立。陈那以后但为立具，非真能立，能立所须故。二者俱有真似，随自相故。真立后明似立，真量后明似量。凡此六门，并是能立及眷属故。立义既成，次方破他，是故能破似破最在于后。复次，初六，各有别体。真立体即无过多言，似立体即有过多言。真量明决之智,似量暗疑之智,彼能破似破,虽体即言,境无有异。能破之境,体即似立;似破之境,即真能立。义简约故,故最后说。言唯有者,明遮执也。古师以义从智,故立三量。陈那以智从理,唯开二量。由此能了自共相故,非离此二,别有所量,为了知彼,更立余量,故依二相,唯立二量。其二相体,今略明之。一切诸法,各附自体,即名自相。以分别心假立一法,贯通诸法,如缕贯华,此名共相。不同经中大乘所说,以一切不可言说为自相,一切可说为共相。如可说中五蕴等为自,无常等为共。色蕴之中,色处为自,色蕴为共。色处之中,青等为自,色处为共。青等之中,衣华为自,青等为共。衣华之中,极微为自,衣华为共。如是乃至离言为自,极微为共。离言之中,圣智冥证得本真故,名之为自,说为离言,名之为共。共相假有,假智变故。自相可真,现量亲缘,圣智证故。除此以外说为自相皆假自相,非真自相,非离假智及言余故。今此因明意者,诸法实义皆名自相,以诸法上各附己体,不共他故。若分别散心立种类,能诠所诠通在诸法,如缕贯华,名为共相。或有说言如火热相等名为自相,若为名言所诠显者,此名共相,此释非是。若以如火热等名自相者,定心缘火,不得彼热,应名缘共。定心缘彼教所诠理,亦为言显,亦应名共。若尔,定心应名比量,不缘自相故。诸外道等计一切名言得法自相。如说召火,但取于火,明得火之自相,佛法名言,但得共相。彼或难言,若得共相,唤火应得于水。大乘解云,一切名言有遮有表,言火遮非火,非得火自相。而得火来者,名言有表,故得于火。且汝若名言得火自相者,说及心缘应烧心口,以得自相故。彼若反难云,汝定心缘火,既得自相,应亦烧心。此不被烧,如何难我?应即解云,境有离合殊,缘合境者被烧，定心离取，故不被烧。汝言自相火体为自相，而不立共相。言依语表，表即依身，是合中知，若得自相，即合被烧。寻名取境之心亦得自相，得自相者心应觉热。非预我宗，寻名假智，不得彼火之自相故。若觉热触，即非假触。称境知故，设定心中寻名缘火等亦是假智，不同比量。假立一法贯在余法名得自相，各附体故名得自相，是现量故，不得热等相，故假智摄。如假想定变水火等，身虽在中，而无烧湿等用。如上定心缘下界火，虽是现量所带相分，亦无烧湿等用。彼实变水火地等有湿烧等用，而亦不烧心等者，但任运变中即是火体自相，定心亦尔。所以身根实智俱得火之自相，而有烧不烧者，以火用有增盛故，或烧不烧为异。此因明中自相通有体无体，如五识在定中，与同时意识缘名等及能诠义，一向无体。若缘五尘等，一向有体也，共相全无其体。设定心缘，因彼名言行解缘者，即是假智。依共相转，然不计名与所诠义定相属著，故云得自相，然是假智缘，得名为共相，作行解故。此之共相但与诸法增益相状，故是无体。同名句诠所依共相，若诸现量所缘自相，即不带名言，冥证法体，彼即有体，即法性故。

第二辨现量中，言无分别，此正辨明。言若有正智等者，即广解释。《瑜伽师地论》说现量有三种，一非不现见，二非已思应思，三非错乱境界。《杂集论》亦说三种，云自正、明了、无迷乱义。此言若有正智于色等义者，即是非已思应思义，自取正义。所谓于色等义者，此定境也。等者等取香等，义谓境义。言正智者，兼取无迷乱义，非错乱境界义。言离名种等，所有分别，正明非迷乱义，非错乱境界义。名谓名言分别，种谓种类分别，等者等取一切比量，心之所缘以及外道所计。然离分别，略有四类，一五识身，二五俱意，三诸自证，四修定者。论言于色等义，偏明五识，总具含四。言现现别转者，即是非不现见义，明事义。此四类心，现体非一，名为现现。各附境体，离贯通缘，名为别转。由此现现，各各别缘，故名现量。

明比量章第十四

言比量者，谓藉众相而观于义。相有三种，如前已说。由彼为因，于所比义，有正智生，了知有火，或无常等，是名比量。于二量中即智名果，是证相故。如有作用而显现故，亦名为量。

第一解比量中，言了知者，明正比量。智为了因，火无常等，是所了果。以其因有现比不同，果亦两种。了火从烟，现量因起。了无常等，从所作等，比量因生。此二望智，俱为远因。藉此二因，缘因之念为智近因。忆本先知所有烟处必定有火，忆瓶所作而是无常，故能生智了彼二果。言现量者，合境与心，境现所缘，从心名现量，或体显现，为心所缘，名为现量。言比量者，合所观因及比量智。此未能生比量智果，知有所作处即与无常宗不相离，能生此者，念因力故。现量比量及念，俱非比量智之正体。比量因故，因从果名，俱名比量。

第二名量果者，谓有难云，如尺秤等为能量，绢布等为所量，记数之智为量，汝此二量，火无常等为所量，现比量智为能量，何者为量果？又一切有部难云，我以境为所量，根为能量，依根所起心及心所而为量果。汝大乘中即智为能量，更以何为量果？又诸外道难云，境为所量，诸识为能量，神我为量果，能受者知者故，佛法中既不立我，以何为量果？为释此疑，故云，于此二量，即智名果，用此能量智，还为能量果。即此量智，能观能证彼二境相故。彼之境相于心上现故。如有作用，谓彼能量而显现者，谓彼量果于彼一心，义分能所故。复次，能量见分，量果自证分，体不离用，即智明果，是能证彼见分行体相故。

似现量章第十五

有分别智于义异转，名似现量。谓诸有智，了瓶衣等分别而生，由彼于义，不以自为境界故，名似现量。

似现量者，谓有如前带名种等，诸分别起之智，不称实境，妄生分别，名于义异转也。有五种智，皆名似现。一者忆念，谓散心缘过去；二者比度，谓独头意识缘现在；三者希求，谓散意缘未来；四者疑智，谓于三世诸不决智；五者惑乱智，谓于现世诸惑乱智。如见杌为人，阳焰谓水等。言了瓶衣等分别而生者。泛缘衣瓶，虽非执心，但不称境。由彼诸智，于四尘境，不以自相为所观境。于上增益别实有物而为所缘，名为异转。彼瓶衣等体即四尘，依四尘上唯有共相，无其自体，假名瓶衣，不以本自相四尘为所缘，但意识缘此共相而转，而分别执为实有。谓自眼识现量得彼瓶衣等，故名似现也。

似比量章第十六

若似因智为先,所起诸似义智,名似比量。似因多种,如先已说。用彼为因,于似所比,诸有智生,不能正解,名似比量。

似比量者,似因及缘似因之智为先生,后了似宗智,名似比量。似现由率遇境,即便取解谓为实有,非后筹度。似比要因在先,后方推度邪智后起。由彼邪因妄起邪智,不能正解,故名似比量。言似因多种者,谓前四不成六不定四相违,及其似喻,皆生似智因,并名似因也。

总明能破章第十七

复次若正显示能立过失,说明能破。谓初能立,缺减过性,立宗过性,不成因性,不定因性,相违因性,及喻过性,显示此言开晓问者,故名能破。

明能破中,破有二种,一缺减过,二立支过。初言缺减过性者,或总无言,或言无义,并名缺减。古师约宗因喻三,或立七句,或立六句,陈那以后约因三相,亦立六句,或立七句,并如前辩。且约陈那因三相中立七句者如下:

阙一有三:	
(一)阙初而有后二	数论对声论云,声是无常,眼所见故,瓶盆为同品,虚空为异品。
(二)阙第二相	声论对一切有部云,声常,所闻性故,空为同品,瓶盆为异品。
(三)阙第三相	又云,声常,所量性故,空为同品,瓶盆为异品。
阙二有三:	
(一)阙初二相	声非勤发,眼所见故,空为同品,瓶盆为异品。

阙一有三：	
（二）阙初三相	我常，非勤发故，空为同品，电为异品（对佛法者，因阙所依，故无初相，电等上有，故阙三相）。
（三）阙二三相	如四相违过。

阙三有一：	
（一）三相俱阙	声常，眼所见故，空为同品，盆为异品。

立宗过性等三种，别明支过也。

总明似破章第十八

若不实显能立过言,名似能破。谓于圆满能立,显示缺减性言。于无过宗,有过宗言;于成就因,不成因言;于决定因,不定因言;于不相违因,相违因言;于无过喻,有过喻言。如是言说,名似能破。以不能显示他宗过失,彼无过故。

文显易解。夫能破者,彼立有过,如实出之,令知其失,能生彼智。此有悟他之能,可名能破。彼实无过,妄起言非,不能显他过故,名似能破也。

略示显广章第十九

且止斯事。

已宣少句义,为始立方隅,其间理非理,妙辩于余处。

论明八义,方隅略示,真似实繁,具如《理门》《因门》《集量》等论广开解释也。

崇文学术文库·西方哲学

01. 靳希平 吴增定 十九世纪德国非主流哲学——现象学史前史札记
02. 倪梁康 现象学的始基：胡塞尔《逻辑研究》释要（内外编）
03. 陈荣华 海德格尔《存有与时间》阐释
04. 张尧均 隐喻的身体：梅洛-庞蒂身体现象学研究（修订版）
05. 龚卓军 身体部署：梅洛-庞蒂与现象学之后
06. 游淙祺 胡塞尔的现象学心理学
07. 刘国英 法国现象学的踪迹：从萨特到德里达 [待出]
08. 方红庆 先验论证研究
09. 倪梁康 现象学的拓展：胡塞尔《意识结构研究》述记 [待出]
10. 杨大春 沉沦与拯救：克尔凯郭尔的精神哲学研究 [待出]

崇文学术文库·中国哲学

01. 马积高 荀学源流
02. 康中乾 魏晋玄学史
03. 蔡仲德 《礼记·乐记》《声无哀乐论》注译与研究
04. 冯耀明 "超越内在"的迷思：从分析哲学观点看当代新儒学
05. 白 奚 稷下学研究：中国古代的思想自由与百家争鸣
06. 马积高 宋明理学与文学
07. 陈志强 晚明王学原恶论
08. 郑家栋 现代新儒学概论（修订版）[待出]
09. 张 觉 韩非子考论 [待出]
10. 佐藤将之 参于天地之治：荀子礼治政治思想的起源与构造

崇文学术·逻辑

1.1 章士钊 逻辑指要
1.2 金岳霖 逻辑
1.3 傅汎际 译义，李之藻 达辞：名理探
1.4 穆 勒 著，严复 译：穆勒名学
1.5 耶方斯 著，王国维 译：辨学
1.6 亚里士多德 著：工具论（五篇 英文）
2.1 刘培育 中国名辩学
2.2 胡 适 先秦名学史（英文）
2.3 梁启超 墨经校释
2.4 陈 柱 公孙龙子集解
2.5 栾调甫 墨辩讨论
3.1 窥基、神泰 因明入正理论疏 因明正理门论述记（金陵本）

西方哲学经典影印

01. 第尔斯（Diels）、克兰茨（Kranz）：前苏格拉底哲学家残篇（希德）
02. 弗里曼（Freeman）英译：前苏格拉底哲学家残篇
03. 柏奈特（Burnet）：早期希腊哲学（英文）
04. 策勒（Zeller）：古希腊哲学史纲（德文）
05. 柏拉图：游叙弗伦 申辩 克力同 斐多（希英），福勒（Fowler）英译
06. 柏拉图：理想国（希英），肖里（Shorey）英译
07. 亚里士多德：形而上学，罗斯（Ross）英译
08. 亚里士多德：尼各马可伦理学，罗斯（Ross）英译
09. 笛卡尔：第一哲学沉思集（法文），Adam et Tannery 编
10. 康德：纯粹理性批判（德文迈纳版），Schmidt 编
11. 康德：实践理性批判（德文迈纳版），Vorländer 编
12. 康德：判断力批判（德文迈纳版），Vorländer 编
13. 黑格尔：精神现象学（德文迈纳版），Hoffmeister 编
14. 黑格尔：哲学全书纲要（德文迈纳版），Lasson 编
15. 康德：纯粹理性批判，斯密（Smith）英译
16. 弗雷格：算术基础（德英），奥斯汀（Austin）英译
17. 罗素：数理哲学导论（英文）
18. 维特根斯坦：逻辑哲学论（德英），奥格登（Ogden）英译
19. 胡塞尔：纯粹现象学通论（德文1922年版）
20. 罗素：西方哲学史（英文）
21. 休谟：人性论（英文），Selby-Bigge 编
22. 康德：纯粹理性批判（德文科学院版）
23. 康德：实践理性批判 判断力批判（德文科学院版）
24. 梅洛-庞蒂：知觉现象学（法文）

西方科学经典影印

1. 欧几里得：几何原本，希思（Heath）英译
2. 阿基米德全集，希思（Heath）英译
3. 阿波罗尼奥斯：圆锥曲线论，希思（Heath）英译
4. 牛顿：自然哲学的数学原理，莫特（Motte）、卡加里（Cajori）英译
5. 爱因斯坦：狭义与广义相对论浅说（德英），罗森（Lawson）英译
6. 希尔伯特：几何基础 数学问题（德英），汤森德（Townsend）、纽荪（Newson）英译
7. 克莱因（Klein）：高观点下的初等数学：算术 代数 分析 几何，赫德里克（Hedrick）、诺布尔（Noble）英译

古典语言丛书（影印版）

1. 麦克唐奈（Macdonell）：学生梵语语法
2. 迪罗塞乐（Duroiselle）：实用巴利语语法
3. 艾伦（Allen）、格里诺（Greenough）：拉丁语语法新编
4. 威廉斯（Williams）：梵英大词典
5. 刘易斯（Lewis）、肖特（Short）：拉英大词典

西方人文经典影印

01. 拉尔修：名哲言行录（英文）[待出]
02. 弗里曼（Freeman）英译：前苏格拉底哲学家残篇
03. 卢克莱修：物性论，芒罗（Munro）英译
　　爱比克泰德论说集，马可·奥勒留沉思录，乔治·朗（George Long）英译
04. 西塞罗：论义务 论友谊 论老年（英文）[待出]
05. 塞涅卡：道德文集（英文）[待出]
06. 波爱修：哲学的慰藉（英文）[待出]

07. 蒙田随笔全集，科顿（Cotton）英译
08. 培根论说文集（英文）
09. 弥尔顿散文作品（英文）
10. 帕斯卡尔：思想录，特罗特（Trotter）英译
11. 斯宾诺莎：知性改进论 伦理学，埃尔维斯（Elwes）英译
12. 贝克莱：人类知识原理 三篇对话（英文）

13. 马基亚维利：君主论，马里奥特（Marriott）英译
14. 卢梭：社会契约论（法英），柯尔（Cole）英译
15. 洛克：政府论（下篇）论宽容（英文）
16. 密尔：论自由 功利主义（英文）
17. 潘恩：常识 人的权利（英文）
18. 汉密尔顿、杰伊、麦迪逊：联邦党人文集（英文）
19. 亚当·斯密：道德情操论（英文）[待出]
20. 亚当·斯密：国富论（英文）

21. 荷马：伊利亚特，蒲柏（Pope）英译
22. 荷马：奥德赛，蒲柏（Pope）英译
23. 古希腊神话（英文）[待出]
24. 古希腊戏剧九种（英文）[待出]
25. 维吉尔：埃涅阿斯纪，德莱顿（Dryden）英译
26. 但丁：神曲（英文）[待出]
27. 歌德：浮士德（德文）
28. 歌德：浮士德，拉撒姆（Latham）英译
29. 尼采：查拉图斯特拉如是说（德文）[待出]
30. 尼采：查拉图斯特拉如是说（英文）[待出]
31. 里尔克：给青年诗人的十封信（德英）[待出]
32. 加缪：西西弗神话（法英）[待出]

崇文学术译丛·西方哲学

1. 〔英〕W. T. 斯退士 著，鲍训吾 译：黑格尔哲学
2. 〔法〕笛卡尔 著，关文运 译：哲学原理 方法论
3. 〔德〕康德 著，关文运 译：实践理性批判
4. 〔英〕休谟 著，周晓亮 译：人类理智研究
5. 〔英〕休谟 著，周晓亮 译：道德原理研究
6. 〔美〕迈克尔·哥文 著，周建漳 译：于思之际，何所发生
7. 〔美〕迈克尔·哥文 著，周建漳 译：真理与存在
8. 〔法〕梅洛-庞蒂 著，张尧均 译：可见者与不可见者 [待出]

崇文学术译丛·语言与文字

1. 〔法〕梅耶 著，岑麒祥 译：历史语言学中的比较方法
2. 〔美〕萨克斯 著，康慨 译：伟大的字母 [待出]
3. 〔法〕托里 著，曹莉 译：字母的科学与艺术 [待出]

中国古代哲学典籍丛刊

1. 〔明〕王肯堂 证义，倪梁康、许伟 校证：成唯识论证义
2. 〔唐〕杨倞 注，〔日〕久保爱 增注，张觉 校证：荀子增注 [待出]
3. 〔清〕郭庆藩 撰，黄钊 著：清本《庄子》校训析
4. 张纯一 著：墨子集解

唯识学丛书（26种）

禅解儒道丛书（8种）

徐梵澄著译选集（6种）

出品：崇文书局人文学术编辑部
联系：027-87679738，mwh902@163.com

我思
敢于运用你的理智